U0180707

丛书编委会

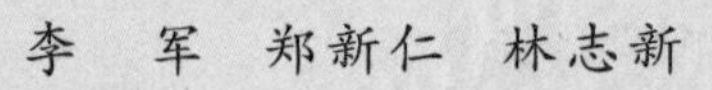

优选本

这些经典作品是人类高尚心灵的印记。
阅读这些经典作品，可以使童年的阅读成为贯穿一生永远的快乐。
享受快乐阅读的时光，温暖孩子的幸福童年。

约会名著

生命中不容错过的文学经典

MeiHuiBan | 优选本 | 美 绘 版

看看我们的地球

李四光/著
邓敏华/编著

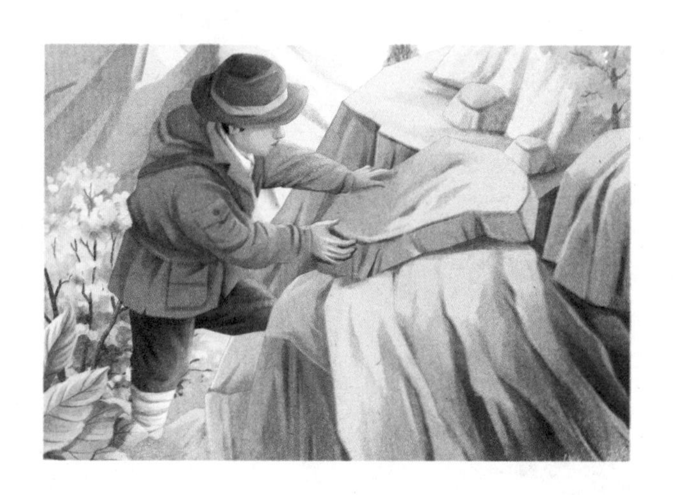

山东美术出版社（济南）

紧扣课标，名家导读，精心批注，扫除阅读障碍，重点提高阅读和写作能力。

1 名师导读

帮助学生了解文章内容，提高阅读兴趣。

天文学地球年龄的说法

名师导读 相较于地质学和物理学，天文学计算地球年龄的方法似乎更为可靠些。本文从天文学的角度出发，为大家解释天文学地球年龄的说法，看看历史上有哪些有名的科学理论。

【叙述】介绍丹索对地球旋转速度的看法，为下文做铺垫。

1749年，丹索(Dunthorne)依据比较古今日食时期的结果，倡言现今地球的旋转，较古代为慢。其后百余年，亚当斯(Adams)对于这件事又详加考究，并算出每100年地球的旋转迟22秒，但亚当斯曾申明他所用的计算的根据，不是十分可靠。康德在他的宇宙哲学论中曾说到潮汐的摩擦力能使地球永远缩减其旋转的速率，一直到汤姆逊(J. J.Thomson)的时代，他又把这个问题提出来了。汤姆逊用种种方法证明地球的内部比钢还要硬。他又从热学上着想，假定地球原来是一团热汁，自从冷却以后，它的形状未曾变更。如若我们承认这个假定，那由地球现在的形状，不难推测当初凝结之时它能保持平衡的旋转速率。至于地球的扁度，可用种种方法测出。减少的旋转速率，也可由历史上或用旁的方法求出。假若减少之率古今不变，那么，从它冷却到今天的年龄，不难求出。据汤姆逊这样计算的结果，他说地球的年龄顶多不过10亿年。但是他又说如若比1亿年还多，地球在赤道的凸度比现在的凸度应该还要大，而两极应较现在的两极还要平。汤姆逊这一回计算中所用的假定可算不少。头一件，他说地球的中央比钢还硬些。我们从天体力学上着想，倒是与他的意见大致相同；但从地震学方面得来的消息，不能与此一致。况

【叙述】汤姆逊计算地球年龄的前提是地球诞生自一团热汁的假定是正确的。

2 阅读理解

根据内文分析，引导学生深入思考，提升理解能力。

3 精美插图

根据文章配上精美彩图，让阅读不再枯燥无味。

【名师点拨】

本文主要提到了通过沉积物推算冰期距现今的年限的方式。作者在文中具体介绍了沉积物的形成过程，以及地质学家们如何根据沉积物推算他们所需要的数据。即便是对地质知识所知不多的读者，也能看到这一套理论的逻辑性，相较于开尔文显得空洞的理论，本文提到的这一方法确实要可信许多。

【回味思考】

1.沉积物是怎么形成的？

2.开尔文的理论为什么不可靠？

阅读训练

一、填空题

1. 春分的时候，由地球中心经过________的中心作一直线向空中延长，与________相交的一点，名曰白羊宫（Aries）的起点。

2. 阿得马（Adhemar）首创地球轨道的扁度变更与________有关之说。

3. 我们都知道到地下愈______的地方温度愈高。

4 名师点拨

分析内容及写作手法，让学生掌握重点。

5 回味思考

提出有针对性的问题，让“读”与“想”紧密结合。

6 阅读训练

读文章，做题目，让学生进一步巩固所学内容。

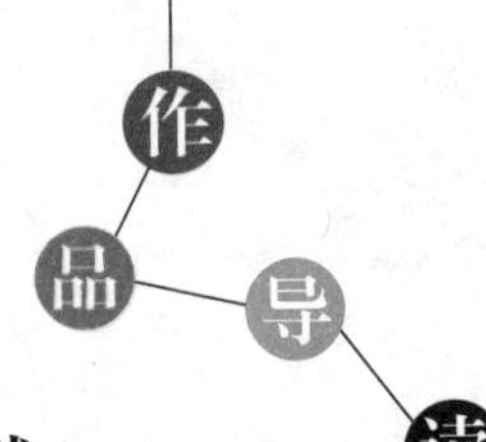

 Zuopin Daodu 读

李四光（1889—1971），中国地质学家。字仲揆，湖北黄冈人。曾留学日本和英国，获英国伯明翰大学地质学硕士学位。早年加入同盟会，参加辛亥革命。一直从事古生物学。中华人民共和国成立以后，从事冰川学及地质力学的研究和教学。曾任北京大学地质系教授、中央研究院地质研究所所长、地质部部长、中国科学院副院长、中国科学院古生物研究所所长等。1958 年加入中国共产党。在地质学理论上最重要的贡献是创立了地质力学。用力学的观点研究地壳运动的现象，探索地壳运动与矿产分布的规律，把各构造形迹看作是地应力活动的结果，建立了“造体系”这一地质力学的基本概念。在地震地质方面，强调在研究地质构造活动性的基础上，观测地应力的变化，为实现地震预报指明了方向。著有《地球表面形象变迁的主因》《中国北部之蜓科》《中国地质学》《冰期之庐山》《地质力学概念》等。

李四光是我国非常著名的地质学家，长期担任北京大学地质系教授、系主任。本书精选了他不同时期的随笔、论著，是一本非常难得的国产地理科普读物。本书中的内容大致分为两个部分：

一是地理学常识。书里李四光生动形象且有趣地解释了一些地理常识，从天文、地质、地球热状态的历史的角度分别对地球年龄进行了解释。

二是地理学细分知识。冷门的知识如中国北部之纺锤虫、侏罗纪与中国地势等；也有吸引普罗大众的热点问题，比如地震、燃料的问题。

本书从一个新的角度，参照作者不同时期对地质学方面的研究，将从地球年龄、中国地势、侏罗纪、古代地质、人类起源、生物哲学等方面，把难懂的知识变成有趣的知识，并有力地呈现在读者面前。

看看我们的地球

Mulu

KANKAN WOMEN DE DIQIU

地球年龄“官司” ………………………………………… 1

天文学地球年龄的说法 ……………………………… 4

天文理论说地球年龄 ………………………………… 7

地质事实说地球年龄 ………………………………… 12

地球热的历史说地球年龄 …………………………… 15

读书与读自然书 ……………………………………… 18

中国地势浅说 ………………………………………… 21

侏罗纪与中国地势 …………………………………… 29

地球之形状 …………………………………………… 33

地壳的概念 …………………………………………… 35

如何培养儿童对科学的兴趣 ………………………… 38

看看我们的地球 ……………………………………… 40

从地球看宇宙 ………………………………………… 45

地　壳 ………………………………………………… 48

地　热 ………………………………………………… 51

地震与地震波 ………………………………………… 55

浅说地震 ……………………………………………… 58

燃料的问题 …………………………………………… 62

现代繁华与炭 ………………………………………… 69

启蒙时代的地质论战 …………………………………… 87

地质时代………………………………………………… 96

古生物及古人类 ……………………………………… 106

冰川的起源…………………………………………… 129

地质力学之基础与方法 ……………………………… 137

沧桑变化的解释 ……………………………………… 140

人类起源于中亚吗? ………………………………… 145

地史的纪元…………………………………………… 151

地质力学发展的过程和当前的任务 ………………… 157

地球年龄“官司”

名师导读

目前科学界对于地球年龄的认定，指的是地球的天文年龄，这个数值已是目前科学界能得到的最佳估值。回顾历史，地球年龄一直是科学家们争论不休的话题，科学家们也曾在这个问题上出现过许多错误的认知。

地球的年龄，并不是一个新颖的问题。在上古的时代早已有人提及了。例如迦勒底(Chaldeans)的天文学家，不知用了什么方法，算出世界的年龄为21.5万岁。波斯的琐罗亚斯德(Zoroaster)一派的学者说，世界的存在只限于1.2万年。中国俗传世界有12万年的寿命。这些数目当然没有什么意义。古代的学者因为不明自然的历史，都陷于一个极大的误解，那就是他们把人类的历史、生物的历史、地球的历史，乃至宇宙的历史，当作一件事看待。意谓人类未出现以前，就无所谓宇宙，无所谓世界。

【举例子】以历史上对地球年龄的错误认知为例，强调这些说法没有科学依据。

【叙述】指出人们过去误解地球年龄的原因在于人们将人类的历史当成了地球的历史。

中古以后，学术渐渐萌芽，荒诞无稽的传说渐渐失去说服力。然而公元1650年时，竟有一位有名的英国主教厄谢尔(Bishop Ussher)，大书特书，说世界是公元前4004年造的！这并不足为奇，恐怕在科学发达的今日，世界上还有许多人相信上帝只费了6天的工夫，就造出我们的世界来了。

从18世纪中叶到19世纪初期，地质学、生物学与其他自然科学同一步调，向前猛进。德国出了维尔纳(Werner)，英国出了赫顿(Hutton)，法国出了布丰(Buffon)、拉马克(Lamarck)以及其他著名的学者。他们关于自然的历史，虽各怀己见，争论激烈，然而在学术上都有永垂不朽的贡献。而后，英国的生物学家达尔文(Charles Darwin)、华莱士(Alfred Russel Wallace)、赫胥黎(Huxley)等人，再将生物进化的学说公之于世。于是一般的思想家才相信在人类未出现以前，已经有了世界。那无人的世界，又可据生物递变的情形，分为若干时代，每一时代大都有陆沉海涸的遗痕，然则地球历史之长，可想而知。至此，地球年龄的问题，得以正式成立。

【叙述说明】对人类诞生之前的那个世界进行简单说明，便于读者阅读理解。

就理论上说，地球的年龄，应该是地质学家劈头的一个大问题，然而事实不然，赫顿以后，地质学家的活动，大都限于局部的研究。他们对于一层岩石、一块化石的考察，不厌精详；而对过去年代的计算，都淡漠视之，一若那种的讨论，非分内之事。实则地质学家并非抛弃了那个问题，只因材料尚未充足，不愿多说闲话。待到开尔文(Lord Kelvin)关于地球的年龄发表意见的时候，地质学家方面总有一部分人觉得开尔文所定的年龄过短，他的立论也未免过于专断。这位物理学家非但不顾地质学上的事实，反而嘲笑他们。开尔文说："地质学家看太阳如同蔷薇看养花的老头儿似的。蔷薇说道：'养我们的那一位老头儿必定是一位很老的先生，因为在我们蔷薇的记忆之中，他总是那样子。'"

【叙述说明】说明地质学家们通过科学考察所得出来的信息并不足以推断地球的年龄，所以他们不敢妄下定论。

物理学家既是这样挑战，自然弄得地质学家到了忍无可忍的地步，于是地质学家方面，就有人起来同他们讲道理。

所以地球年龄的问题，现在成了天文、物理、地质三家公共的问题。

【1921年9月23日至10月10日，李四光应北京美术学校之邀，先后做了15次学术演讲。演讲全文原载《北京大学月刊》。1929年由商务印书馆作为《百科小丛书》系列之一出版，原书名为《地球的年龄》。此文为原书序言的节选，题目为编者所加。】

【名师点拨】

本文内容简洁明了，作者指出了人们过去对地球年龄的错误看法，文中主要说明一个观点：人类历史并不等于是地球历史，在人类之前，地球还有着漫长的历史。

【回味思考】

1.地球年龄该从何时算起？

2.地质学家们为什么对计算地球年龄都态度淡漠？

天文学地球年龄的说法

名师导读

相较于地质学和物理学，天文学计算地球年龄的方法似乎更为可靠些。本文从天文学的角度出发，为大家解释天文学地球年龄的说法，看看历史上有哪些有名的科学理论。

【叙述】介绍丹索对地球旋转速度的看法，为下文做铺垫。

【叙述】汤姆逊计算地球年龄的前提是地球诞生自一团热汁的假定是正确的。

1749年，丹索(Dunthorne)依据比较古今日食时期的结果，倡言现今地球的旋转，较古代为慢。其后百余年，亚当斯(Adams)对于这件事又详加考究，并算出每100年地球的旋转迟22秒，但亚当斯曾申明他所用的计算的根据，不是十分可靠。康德在他的宇宙哲学论中曾说到潮汐的摩擦力能使地球永远缩减其旋转的速率，一直到汤姆逊(J. J.Thomson)的时代，又把这个问题提出来了。汤姆逊用种种方法证明地球的内部比钢还要硬。他又从热学上着想，假定地球原来是一团热汁，自从冷却以后，它的形状未曾变更。如若我们承认这个假定，那由地球现在的形状，不难推测当初凝结之时它能保持平衡的旋转速率。至于地球的扁度，可用种种方法测出。减少的旋转速率，也可由历史上或用旁的方法求出。假若减少之率古今不变，那么，从它冷却到今天的年龄，不难求出。据汤姆逊这样计算的结果，他说地球的年龄顶多不过10亿年。但是他又说如若比1亿年还多，地球在赤道的凸度比现在的凸度应该还要大，而两极应较现在的两极还要平。汤姆逊这一回计算中所用的假定可算不少。头一件，他说地球的中央比钢还硬些。我们从天体力学上着想，倒是与他的意见大致相同；但从地震学方面得来的消息，不能与此一致。况且

地球自冷却以后，其形状有无变更，其旋转究竟是怎样的变更，我们无法确定。汤姆逊所用的假定，既然有可疑的地方，那么他所得的结果，当然也是可疑的。

【议论】
汤姆逊的理论之所以是可疑的，是因为他所用的假定也有可疑的地方。

乔治·达尔文（George Darwin）从地月系的运转与潮汐的关系上，演绎出一种极有趣的学说，大致如下所述：地球受了潮汐的影响，渐渐减少旋转能，这是我们都知道的。按力学的原则，这个地月系全体的旋转能应该不变，今天地球的旋转能既减少，那么月球在它的轨道上的旋转能应该增大，那就是由月球到地球的距离非增加不可。这样看来，愈到古代，月球离地球愈近。推其极端，应有一个时候，月球与地球几乎相接，那时的地球或者是一团黏性的液态，全体受潮汐的影响当然更大。据达尔文的学说，地球原来是液态的，当然受太阳的影响而生潮汐。有一时这团液态自己摆动的时期恰与日潮的时期相同，于是因同摆的原因，摆幅大为增加，一部分的液质就凸出了很远，卒致脱离原来的那一团液质，成了它的卫星，这就是月球。当月球初脱离地球的时候，这个地月系的运转比现在快多了，那时1月与1日相等，而1日不过约与现在的3小时相当。从日月分离以来，每月每日的时间都渐渐变长了。

【知识拓展】
旋转能：地球旋转能是地球自转产生的力给予地球表层物质的能，它包括离心力、离极力和科里奥利力。

【叙述说明】
按照乔治·达尔文的理论说明月球是如何诞生的，即分裂说。

近来，张伯林（T. C. Chamberlin）等考究因潮汐的摩擦使地球旋转的问题，颇为精密。他们曾证明大约每50万年1天延长1分钟。这个数目与达尔文所算出来的数目相差太远了。达尔文主张的潮汐与地月运转学说，虽不完全，他所标出来的地球各期的年龄，虽不可靠，然而以他那样的苦心孤诣，用他那样聪明的数学才力，发挥成文，真是堂堂皇皇，在科学上永久有他的价值存在。

【本文原为《地球的年龄》一书的第二部分《纯粹根据天文的学说求地球的年龄》。本文为节选。】

【名师点拨】

计量地球所经历的时间，必须找到一种速率恒定而又量程极大的尺度。早期找到的一些尺度的变化速率在地球历史上是不恒定的。汤姆逊的理论有太多无法确定的前提条件，因此他得出的数据不可信。乔治·达尔文和张伯林考究因潮汐的摩擦使地球旋转的问题，得出地球的旋转速率的变化，从而推算地球的年龄，他们计算出的数目相差太远，且这些数字远远小于地球的实际年龄。可见这些人的计算依据都不可靠，但作为早期尝试还是有益的，他们刻苦钻研的精神值得后人学习。

【回味思考】

1.汤姆逊计算的结果为什么可疑？

2.你从这些科学家身上学习到了什么？

天文理论说地球年龄

名师导读 mingshi daodu

科学家们一直试图寻找衡量地球年龄的尺度，目前较为可靠的还是天文理论。要理解本文的天文理论，我们首先要了解基本的天文知识，知晓地轴、赤道、公转轨道、自转轨道等概念。

在讨论这个方法以前，我们应知道几个天文学上的名词。

地球顺着一定的方向，从西到东，每日自转一次，它这样旋转所依的轴，名曰地轴。地轴的两端，名曰南北极。现设想一平面，与地轴成直角，又经过地球的中心，这个平面与地面交切成圆形，名曰赤道；与“天球”交切所成的圆，名曰天球赤道。因为天球赤道与地球赤道同在这一个平面上，所以这个平面统称赤道平面。地球一年绕太阳一周，它的轨道略成椭圆形。太阳在这椭圆的长轴上，但不在它的中央。长轴被太阳分为长短不等的两段，长段与地球轨道的交点名曰远日点，短段与地球轨道的交点名曰近日点。太阳每年穿过赤道平面两次。由赤道平面以北到赤道平面以南，它非经过赤道平面不可，至南回归线那个时候，名曰秋分。由赤道平面以南到赤道平面以北，又非经过赤道平面不可，至北回归线那个时候，名曰春分。当春分的时候，由地球中心经过太阳的中心作一直线向空中延长，与天球相交的一点，名曰白羊宫（Aries）的起点。昔日这一点在白羊宫星宿里，现在在双鱼宫（Pisces）星宿里，所以每年春分、秋分时，地球在它轨道上的位置稍稍不同。逐年白羊宫的起点的迁移，名曰春秋的推移（Precession of equinoxes）。在公元前134年，喜帕恰斯（Hipparchus）已经发现这个事实。牛顿证明春秋之所以推移，是地球绕着斜

【解释说明】 对地球赤道和天球赤道的概念加以解释说明，为下文进一步的说明做铺垫。

【解释说明】 对远日点和近日点的定义加以解释说明。

轴旋转的结果，我们也可说是日月及行星推移的结果。因春分、秋分渐渐推移，地轴当然是随之迁向，所以北极星的职守，不是万世一系的。现在充当这个北极星的是小熊星（Ursa Minoris），它并不在地轴的延长线上。

【叙述】
介绍牛顿关于季节更迭的观点，并指出季节更迭的另一种说法，铺垫下文。

拉普拉斯（Laplace）曾确定一件事实，那就是地球受其他行星的牵扰，其轨道的扁度按期略有增减，有时较扁，有时与圆形相去不远。但是据开普勒（Kepler）的定律，行星的周期，与它们轨道的长轴密切相关，二者之中，如有一项变更，其余一项，不能不变。又据拉格朗日（Lagrange）的学说，行星的牵扰，绝不能永久使地球轨道的长轴变更，所以地球的轨道，即令变更，其变更之量必小，而其每年运行所要的时间，概而言之，可谓不变。

【叙述说明】
列举不同科学家的观点，说明地球每年运行所需时间可谓不变。

阿得马（Adhemar）首创地球轨道的扁度变更与地上气候有关之说。勒威耶（Leverrier）又表示用数学的方法，可求出过去或将来数百万年内，任何时候地球轨道的扁率。其后克罗尔（James Croll）发挥这个学说甚详，并用勒威耶所立的公式，算出过去300万年内地球轨道的扁度最大及最小的时期。

一直到现在，我们说的都是天上的话，这些话在地上果然应验了吗？地球的过去时代果然有冰期循环迭现吗？如若地质时代果然有若干个冰期，那么，我们也可用这种天文学上的理论来定地球各冰期到现今的年代，这件事我们不能不问地质学家。

【设置悬念】
调动读者的阅读兴趣，引发读者思考，将读者的注意力转移向下文。

天文学家这番话，好像是应验了。地质学家曾在世界上各处发现昔日冰川移动的遗痕。遗痕最显著的就是冰川之旁、冰川之底、冰川之前，往往有乱石泥土，或呈长堤形，或散漫而无定形。石块之中，往往有极大极重的，来自数万里之遥，寻常河流的力量绝不能运送那样大的石块到那样远的地方。由冰川运送的石块，常有一面极平滑，而其余各面则棱角峭砺，平滑的一面又常有摩擦的痕迹。冰川经过的地方，若犹未十分受侵蚀剥削，则另有一种风景。比方较高的山岭，每分两部，上部嵯峨，而下部则极

【叙述说明】
对冰川移动造成的地貌影响加以说明，增加观点的说服力。

【举例子】
列举冰川移动造成的不同地貌景象，便于读者理解。

形圆滑，谷每呈U字形，间或有丘墟罗列，多带圆长的形状。而露岩石的地方，又往往有摩擦的痕迹。诸如此类的现象，不一而足，这是专业的地质学家的事，我们现在不用管它。

在最近的地质时代，那就是第四期的初期，也可说是初有人不久的时候，地球上的气候很冷。冰川冰海，到处流溢。当最冷的时候，北欧全体，都在一片琉璃之下，浩荡数千万里，南到阿尔卑斯、高加索一带，中连中亚诸山脉，都是积雪皑皑，气象凛冽。而在北美洲方面，亦有浩大的冰川流徙：一支由拉布拉多(Labrador)沿大西洋岸南进；一支由基韦廷(Keewatin)地方向哈得逊湾(Hudson Bay)流注；一支由科迪勒拉山系(Cordilleras)沿太平洋岸进行。同时南半球也是一个冰雪漫天的世界，至今澳大利亚南部、新西兰、安第斯(Andes)山脉以及智利等地，都有遗迹。甚至热带地方，如非洲中部有名的高峰乞力马扎罗山(Mount Kilimanjaro)的雪线，在第四期的初期，也是要比现在低5000多英尺。

【叙述】
指出直到目前也能在许多地方找到相关遗迹，说明该理论具有现实依据。

【知识拓展】
英尺：英美制长度单位。1英尺等于12英寸，合0.3048米。

由第四期再往古代找去，没有发现冰川的遗痕。一直到古生代的后期，也就是石炭纪的中叶(Permo-Carbonifero)，在澳大利亚、印度、非洲、南美洲都有冰川流行的事。再往古代找去，又有许多很长的地质时代，未曾留下冰川的遗迹。到了肇生纪的初期，在中国长江中部、挪威、加拿大、澳大利亚等地，又有冰川现象发生。过此以往，地层上所载的地球的历史，到处都是极其模糊，我们再没有得到确实的冰川流行的遗迹。

【叙述说明】
说明通过冰川移动的遗痕这一条线索难以贯穿整个历史，因而无法以此为依据推算地球的历史。

【此文为《地球的年龄》一书的第三章《根据天文学上的理论及地质学上的事实求地球的年龄》的前半部分节选，题目为编者所加。】

【名师点拨】

天文理论说地球年龄尚有许多无法确定的依据，天文学家得出的理论该如何验证本文后半部分从地质学角度来进行说明。用天文学上的理论来确定地球各冰期到现今的年代，需要确定得出的年份数据是否可靠，要求我们得找到冰川移动的遗痕。可事实是地质学家们找到的遗痕无法串联起来，许多时间段都出现了空白，所以找不到对应时代的冰川遗痕。

【回味思考】

1.什么是天球赤道？

2.冰川遗痕的位置分布有什么特点？

地质事实说地球年龄

名师导读

比起天文理论推算地球年龄，从地质学角度该如何推算地球年龄呢？地质学家们能找到哪些地质作为相关依据呢？冰川移动造成的停积物便是依据之一，一起来了解一下停积物吧。

地质学家估算最近的冰期距现今的年限，共有几种方法。这几种方法之中，似乎以德基耳（De Geer）所用的最为精密而且最有趣味。在第四期的初期，挪威与瑞典，连同波罗的海一带，都埋在冰里，前已说过。后来北半球的气候渐渐温和，那个大冰块的南面，逐年往北方退缩。当其退缩的时候，每年留下纪念品，所谓纪念品，就是粗细相间的停积物。

【比喻】将冰川移动留下的停积物比喻成纪念品，生动形象，增添了文章趣味。

当春夏的时候，冰头渐渐融解。其中所含的泥土沙砾，随着冰释而成的水向海里流去。粗的质料，比如沙砾，一到海边就要沉下。而较细的质料，悬在水中较久，春夏流水搅动的时候，至少有一部分极细的泥土不能沉淀。到秋冬的时候，冰头冻了，水流止了，自然没有泥土沙砾流到海里来。于是乎水中所含的极细的泥土，也可渐渐沉下，造成一层极纯净的泥，覆于春夏时所停积的沙砾之上。到明年开春，冰又渐渐融解，海边停积的情形又如去年。所以每一年停积一层较粗的东西和一层较细的东西。年复一年，冰头渐往北方退缩，这样粗细相间的停积物，也随着冰头，渐向北方退缩，层上一层，好像屋上的瓦似的。

【叙述】介绍停积物形成的过程，以及影响停积物内部成分的外界因素。

【比喻】将层层堆叠的停积物比喻成屋上的瓦，使其形象更加生动具体，便于读者理解。

德基耳费了许多苦功，从瑞典南部的斯堪尼亚（Scania）海岸数起，数了3.5万层泥，属于冰期的末造。由冰期以后，一直到今日，约计有7000层的停积。然而由冰头退抵

斯堪尼亚到今天，一共经过了1.2万年。斯堪尼亚以南的停积，为波罗的海所掩盖，德基耳的方法，不能适用。再南到德国的境界，这个方法也未曾试过。冰头往北方退缩的速度，前后仿佛不是一致的，愈到北方，有退缩愈急的情形。比如在瑞典首都斯德哥尔摩(Stockholm)，退缩的速度，比在斯堪尼亚已经快了5倍。按这样推想，冰头在斯堪尼亚以南的时候，比在斯堪尼亚应还要慢些，所以要退出与在斯堪尼亚相等的距离，恐怕差不多要2500年。那有名的地质学家索拉斯(Sollas)，以这种议论为根据，暂定由最后的冰势最盛时代，到它退到瑞典南岸所费的年限为5000年，然则由最后冰期中，冰势的全盛时代到现在，至少在1.5万年以上，实数大约在1.7万年。在澳大利亚南部，地质学家用另一种方法，求出当地自从最后冰期到现在所历的年数，也是1.5万~2.0万年之间。两处的年数，无论是否偶然相合，总可算得一致。那么，我们应该承认这个数目有点儿价值。

【叙述】
由于冰头退缩的速度不同，就出现了时间差异，所以地质学家得出的时间数据划定在一定范围内之内。

现在我们看天文学家计算的数目与地质学家计算的数目相差多少？至少要差6万年。我们知道德基耳的方法，是脚踏实地，他所得的数目，是比较可靠的。然则开尔文的数目，我们不能不丢下。况且按天文学的理论，地球不能南北两半球同时发生冰川现象，而在过去的时代，我们所知道的三个冰期，都不限于南北某一半球。更进一层说，假若开尔文的理论是对的，那么，地球在过去的时代，不知已经过几千回的冰期，何以地质学家在地球上各处找了数千年，只发现三回冰期。如若说是冰期的遗迹没有保存，或者我们没有发现，这两句话未免太不顾地质学上的事实，也未免近于遁词。

【叙述】
假若开尔文的理论是对的，就出现了许多不符合现实的疑点，所以这种假设很难成立。

原来地上的气候，与天文、地理、气象三项中许多的现象有密切的关系。这三项现象，平常互相调剂，所以地上气候温和。若是三项合起步调，向一方面走，那就能使极端热或极端冷的气候发生。比方，现在的西北欧，若没有湾流的调剂，虽不成冰期，恐怕与冰期的情形也要差不多了。总而言之，开尔文一流天文学家所创的学说，如若不

【总结】
通过前文的分析说明，对开尔文理论的准确性进行总结，委婉地指出开尔文理论不可信。

大加变更，大加修正，恐怕纯是纸上空谈，全以他们的理论为根据去定地球的年龄，正是所谓缘木求鱼的一段故事。

天文方面，既不得要领，我们现在就要问地质学家，看他们有什么妥当的方法。

【本文为《地球的年龄》一书第三章的后半部分节选，题目为编者所加。】

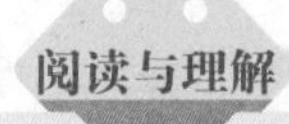

阅读与理解

【名师点拨】

本文主要提到了通过沉积物推算冰期距现今的年限的方式。作者在文中具体介绍了沉积物的形成过程，以及地质学家们如何根据沉积物推算他们所需要的数据。即便是对地质知识所知不多的读者，也能看到这一套理论的逻辑性，相较于开尔文显得空洞的理论，本文提到的这一方法确实要可信许多。

【回味思考】

1.沉积物是怎么形成的？

2.开尔文的理论为什么不可靠？

地球热的历史说地球年龄

名师导读

地球上的热量从何而来？历代科学家众说纷纭，有人说是来自地球本身，但更多的人断定是来自太阳。那么，太阳散发出的热量又是从何而来的呢？

地球上何以这样的暖？我们都知道是那太阳，从古至今，用它的热来接济我们。然则太阳里这样仿佛千古不变的热力是如何来的呢？这个问题，已经费了许多哲学家和物理学家的思索。他们的思想，从历史上看来，自然是极有趣味的，可惜我们没有工夫详细追究，现在只好说一个大概。

【设置悬念】

摆出问题，引发读者思考，调动读者阅读兴趣，引出下文。

德国有名的哲学家莱布尼茨（Leibnitz）同康德（Kant），都以太阳为一团大火，它所发散的热，都是因燃烧而生的。自燃烧现象经化学家切实解释以后，这种说法，当然不能成立。而后，迈尔（Mayer）观察摩擦可以生热，所以他想太阳的热也许是许多陨星常常向太阳里坠落的结果。但是据天文学家观察，太阳的周围，并非常常有星体坠落，假若往太阳里坠落的星体如是之多，太阳的质量必然渐渐增加，这都是与事实相反的。

【叙述说明】

根据天文学家观察到的事实说明迈尔的假想是不成立的。

亥姆霍兹（Helmholtz）以为太阳的热是由它自己收缩发展出来的。太阳每年发散的热量，可由太阳的射热恒数（solar constant of radiation）求出。亥姆霍兹假定太阳当初是一团星云，逐渐收缩，到了今天，成一个球形，其中的质量极匀。他还算出太阳的直径每缩短1‰所生的热量，可与它每年所失的热量的2万倍相当。亥姆霍兹据此算出太阳的年龄，大约在2000万年以下。如若地球是由太阳里

【叙述】

亥姆霍兹得出的数据是以假说成立为基础的，可他的假定条件本身就不确定，因此得出的数据并不可靠。

分出来的，当然地球的年龄，比2000万年还少。开尔文(Kelvin)对于这个问题的意见，也与亥姆霍兹相似，不过他相信太阳的密度愈至内部愈大。

【知识拓展】

原质：指元素。引申指基本要素。

据物理学家近来的研究，所有发射原质当发射之际，必产生热。又据分析日光的结果，我们早知道太阳中含有氦(He)质，所以我们敢断言太阳中必有发射原质。因此，有许多人怀疑发射作用为太阳发热的主因。据最近试验的结果，1000万克(grammes)的铀(U)质在"发射平衡"之下，每小时能生77卡(calorie)的热，而同量的钍(Th)所发的热量不过26卡。太阳每小时每立方米所发散的热，平均约300卡，这些热量，假若都是由太阳内的发射原质(如铀、钍等)里发出来的，那每立方米的太阳原质中，应有400万克的铀。但是太阳平均每立方米的质量只有1.44×10^6克，即令太阳的全体都是铀做成的，由这种物质所生的热仅能抵挡它所消耗的热量的1/3。所以，以发射原质产生的热为太阳现在唯一的热源，所差未免太多。

【列数字】

用具体数字来说明实验结果，更准确、更科学，得出的结论更有说服力。

据阿列纽斯(Arrhenius)的意见，太阳外面的色圈(chromosphere)，大概都是单一的物质集合而成的。它的温度在6000℃ ~ 7000℃。其下的映像圈（Photosphere）里的温度，或许高至9000℃。愈近太阳的中心，温度愈高，压力愈大。太阳平均的温度据阿列纽斯的学说计算，比它外面色圈的温度应高1000倍。在这种情形之下，按勒沙特列(Le Chaletier)的原则推测，太阳中部应有特别的化合物，时时冲到外部，到温度较低的地方爆裂，因之生热。我们用望远镜往往看见太阳的表面有凸起的地方，或许就是这种冲出的气流。这种情形如果属实，那我们现在从热的方面，无法算出太阳自有生以来所历的年代。

【叙述说明】

对勒沙特列关于太阳如何生热的理论加以说明。

关于这个问题，近年法国物理学家皮兰(Perrin)利用原子论和相对论做了一番有趣的计算。皮兰因为天文学家断定许多星云都是由氢气组成的，所以假定化学家所谓的种种元素都是由氢气凝结而成的。氢的原子量是1.008，而氦的原子量是4.00，那由氢而变为氦，必要失掉若干质

量，质量就是能力，这些能力当然都变成热。照这样计算，皮兰算出太阳的寿命为10万兆年，地球年龄的最大限度，应为这个数目的若干分之一。但是我们若要从热的方面求地球自身的年龄，就不能不从地球自身的热量着想。

【叙述】叙述皮兰计算太阳的寿命的方法。

我们都知道到地下愈深的地方温度愈高。地温的增加率因地方多少有点儿不同，浅处的增加率与深处的增加率当然也不等。据各地方调查的结果，距地面不远的地方，平均每深33米，温度增加1℃。

从这种事实，又从热能力衰退(degradation of energy)的原则着想，开尔文根据泊松(Poisson)的假说，追溯地球从前必有一个时期，热度极高，而且全体的热度均一，后来它的热能力渐渐发散，所以表面结壳，失热愈多，结壳愈厚。

【叙述】叙述开尔文根据泊松的假说得出的关于地球热的变化。

【本文为《地球的年龄》一书第六部分《据地球的热历史求它的年龄》一章的节选，题目为编者所加。】

【名师点拨】

在确定地球上的热量主要来自太阳后，科学家们开始思索太阳的热量从何而来。本文提到了历史上关于太阳热较为著名的理论，最后介绍了开尔文关于地球热的理论。由此可以得到地球热的演变过程，推算地球年龄。

【回味思考】

1.迈尔关于太阳发热的假想为什么不可靠？

2.愈深的地下温度会有什么变化？

读书与读自然书

名师导读

不同的性格、不同的年龄段、不同的时间，人们读书时都会有不同的态度，或略读、或精读、或品读。那么，面对大自然这本书时，我们该以何种态度去读呢？

【设问】
以设问的句式开篇，引起读者注意和思考，入题自然，引出下文。

【叙述说明】
将书籍的种类进行了详细的归纳和区分，并得出读书要注意选择的结论。

什么是书？书就是好事的人用文字或特别的符号或兼用图画将天然的事物或著者的想法（幻想、妄想、滥想都包含在其中）描写出来的一种东西。这个定义如若得当，我们无妨把现在世界上的书籍分作几类：

（一）原著，内含许多著者独见的事实，或许多新理想、新意见，或二者兼而有之。

（二）集著，其中包罗各专家关于某某问题所搜集的事实，并对于同项问题所发表的意见，精华丛聚。配置有条，著者或参以己见，或不参以己见。

（三）选著，摘录大著作精华，加以锻炼，不遗要点，不失真谛。

（四）写著，拾取他人的唾余，敷衍成篇，或含糊塞责，或断章取义。窃著者，名曰书盗。假若秦始皇再生，我们对于这种窃著书盗，似不必予以援助。各类的书籍既是如此不同，我们读书的人应该注意选择。

什么是自然？这个大千世界中，也可说是四面世界（Four dimensional world）中所有的事物都是自然书中的材料。这些材料最真实，它们的配置最适当。如若世界有美的事，这一大块文章，我们不能不承认它再美不过。可惜我们的机能有限，生命有限，不能把这一本大百科全书一气读完。如果学“科学方法”的问题发生，什么叫作科学

的方法？那就是读自然书的方法。

书是死的，自然是活的。读书的功夫大半在记忆与思索（有人读书并不思索，我幼时读四书就是最好的一个例子），读自然书种种机能非同时并用不可，而精确的观察尤为重要。读书是我和著者的交涉，读自然书是我和物的直接交涉。所以读书是间接的求学，读自然书乃是直接地求学。读书不过为引人求学的头一段功夫，到了能读自然书方算得真正读书。只知道书不知道自然的人名曰书呆子。

【举例子】
以自身经历为例子，说明不同的人读书的方式不同。

世界是一个整体，各部彼此都有密切的关系，我们硬把它分成若干部，是权宜的办法，是对于自然没有加以公平的处理。大家不注意这种办法是权宜的，是假定的，所以嚷出许多科学上的争论。杰文斯（Jevons）说经济的恐慌源于天象，人都笑他，殊不知我们吃一杯茶已经牵动太阳倒没有人引以为怪。

【叙述】
人们把自然分成若干部分，是为了更好地认识自然，这就是人们为了解自然做出的权宜之计。

我们笑腐儒读书,断章取义咸引为戒。今日科学家往往把他们的问题缩小到一定的范围,或把天然连贯的事物硬划作几部,以为把那个范围里的事物弄清楚了的时候他们的问题就完全解决了,这也未免在自然书中断章取义。这一类科学家的态度,我们不敢赞同。

【叙述】
作者在文章最后说明了其个人认为的正确的读书方式。

我觉得我们读书总应竭我们五官的能力(五官以外还有认识的能力与否,我们现在还不知道)去读自然书,把寻常的读书当作读自然书的一个阶段。读自然书时我们不可忘却我们所读的一字一句(即一事一物)的意义,并视全节全篇的意义为意义,否则就成了一个自然书呆子。

【本文发表于1921年11月2日的《北京大学日刊》。李四光研究地球科学不仅把地球科学的分支学科诸如古生物学、岩石学、矿物学、构造地质学以及气象学、天文学等整合在一起,而且还利用物理学、化学、数学等方法研究解决地球科学的问题,以求解决统一的自然科学问题。他是从科学的整体化、知识的统一性的战略高度着眼的。他在此时已觉察到当代科学技术高度分化又高度综合的发展特点。该文是对他的这一治学思想所做的最好的注脚。】

【名师点拨】

作者首先从书的种类入手,接着引出自然这本书。作者以读书为参照,对科学家们解读自然这本书的方式展开议论。很显然,作者对科学家们解读自然的方式并不认同,认为他们是在断章取义。作者认为读自然这本书就要充分运用五官的能力,以更全面、更灵活的方式去了解自然。

【回味思考】

1.作者为什么觉得科学家们是在断章取义?

2.作者认为怎样读书才合适?

中国地势浅说

名师导读

在过去的封建社会中，几乎无人去探寻中国地势的奥妙，近代受到外来文化的影响，国人才意识到地质研究的重要性。那么，地势该如何研究？又能以什么作为根据来研究呢？

本书讨论的问题，是中国地势的沿革，与中国疆域的沿革以及中国内部政治区域的沿革，是截然两道。疆域的沿革、行政区域的沿革，是人类发生以后的事——是人类有了政治的组织以后的事，所以这些问题，当然归历史学家研究。至于我们现在的问题，包括人类出现以前或人类在极幼稚时代——那就是与猴子时代相距不远的旧石器(Paleolithic)、新石器(Neolithic)时代，在我们现在所谓中国的这一块地域里的海陆陵谷之变迁以及气候之更迭等事实。总括这些变迁，似乎应有一个专门语，在未得妥当的名词以前，我现在试称之为地势的沿革，那就是地质史的一个方面。研究这个问题，不用说是我们地质学家的事。

【解释说明】将疆域的沿革和行政区域的沿革划入史学一类。

【解释说明】将地势的沿革划入地质学一类，便于读者理解下文的内容。

欧美各国的地质学家，关于他们本国地势的沿革，多少都有点儿研究。联合参详各处研究的结果，我们今天才知道我们人类的祖先还未到这个世界以前，世界上已经有了许久许多的沧桑之变。然而关于我们中国这一大块地皮，除了几个好事的、冒险的欧美人外，竟然没有多少人过问。我们现在关于我们自己国家地势的变迁的知识，大半是由这些冒险家得来的。他们对于学术上既然有这样的贡献，现在我趁这个机会，把他们几位的名字列举出来，聊以表示我们感谢的意思。

【抒情】表达了作者对这些富有冒险精神的科研者的敬意。

1862 ~ 1865年，美国的庞佩利（R. Pumpelly）可算得上是头一个到中国来研究地质的地质学家。三年后，德国的李希霍芬（F. V. Richthofen）就到中国来着手他的毕生事业。与李希霍芬前后来的有大卫（A. David），他曾到过内蒙古、江西，并横越秦岭东部；又有金斯米尔（T. W. Kingsmill），曾在长江流域调查；又有比克莫尔（A. S. Bickmore），曾由广东走到汉口。他们虽然多少各有点儿贡献，然而与李希霍芬却是不可相提并论。

1877 ~ 1880年，奥地利的洛克齐（L .Loczy）随着施曾彝（Széchenyi）的科学调查队，由长江下游穿过秦岭，入甘肃，沿南山（即祁连山）东北麓进行，转折经过四川北部、西部，再由云南的西部而到缅甸。当时内地风气不开，地方自然不免有仇外的情形，洛克齐曾经过种种困难。再数年后，有俄罗斯地质学家奥勃鲁契夫（V. A. Obruchev）往来于南山数次，并历四川北部及蒙古等处。1898年，福德勒（K. Futterer）由新疆穿过沙漠，又由甘肃过秦岭，出长江下游。其采集的材料颇为可观，可惜未加以详细的分析和编纂。其余如林斯（F. Leprince Ringnet）、罗伦斯（Th. Lorenz）、福格尔桑（K.Vogelsang），对于中国东北部及川鄂毗连各属，均各有研究，尤以罗伦斯在山东调查研究之结果，在地层学上最为重要。

【叙述】
当时的中国社会正处于清政府的封建统治之下，社会风气远不及现代开放。

当这些学者在那里做断断续续的调查研究的时候，李希霍芬发表了许多关于中国地质的论文，并陆续刊发他的名著《中国》。这一部书，一直到今天，都算是关于中国地质的最重要的著作，可惜书未写完而他本人就去世了。1903年，美国地质学家威利斯（Bailey Willis）和布莱克威尔德（E. Blackwelder）受卡内基学院（Carnegie Institute）的委托，来中国调查地质。他们在中国不过5个月。曾到山东、辽东，又由河北南部入山西东部，经过唐县、五台、忻州、太原、西安，由西安穿过秦岭，经过川东、鄂西诸属，至宜昌终止。他们此次研究的成果，以他们所费的时间而论，可算得不少。

【侧面衬托】
述说这本书对中国地质学的影响力，从侧面衬托李希霍芬的贡献之大。

至于中国西南各省地质的情形，大半是由法国人考察出来的。最初有湄公河的调查队。继以雷克勒（Leclère）及雷当诺（Lantenois）的调查队。1910年，戴普勒（J. Depart）对于云南东部的地质，似乎费了一番力气，外界对于戴普勒之为人，虽有种种非议，然而他所编的报告，不能一概轻视。

【叙述】
表现了当时人们对戴普勒的研究报告的肯定和重视。

近20年来，日本人对于中国的地质，往往有所著述，其中以横山、矢部、后藤、早坂、小野等人著作较多。他们的著作，大都是东京帝国大学理科报告。我们可在日本地质学杂志、地质学报及其他一二流大学的报告中，寻出他们的著作。这都是颇有价值的东西。

中国人研究中国地质而有成绩可考者，据我所知，自丁文江、翁文灏、章鸿钊三先生始。自北京地质调查所成立以来，我们关于中国地质的知识，大有日新月异之势。但是我们中国的面积，如此之大，考查出来的结果，如此之少，要想讲讲中国地势的沿革，谈何容易。所以我们现在所能讨论的，只是一个简而又简的概略。至于详细的情形、确实的证据及许多其他方面，则不能不待我们自己发奋有为，到各处观察，仔细研究。可以供我们讨论的材料的来源，大致如此。现在我们应当进一步划定讨论的范围，那就是我们所讨论的地势沿革应从什么时代起。据数千年来地质学家的观察，我们现在视为千古不变的山川岩石，无一时一刻不在变更。不过它们变得极慢，所以大家都不知不觉。又据种种地质学上的事实，我们敢断言地面变更的情形，在人类出现以前，有许久的时间与我们现在目击的变更，无论就种类而论，还是就程度而论，都无极大的差异，这就是匀和的学说，创于莱尔（Charles Lyell）。我们谈地质史最重要的根据，就在这个原则的身上。然则我们现在不能不问，这种匀和的变更是无始无终的，还是到了一定过去的时代，匀和的原则就不能适用了？如若从今日起，向过去推去，推到一定的时代，当时变更的结果与现今截然不同。那时致变更的原因亦必不

【叙述】
指出我国地质研究者面临的困难。

【叙述说明】
地势始终在变化，只是这种变化极为缓慢且微小，只有极大时间的跨度才能看出大的变化。

【设置悬念】
调动读者阅读兴趣，引发读者思考，引出下文。

同。那是匀和的变更，在地球上从那时才开始。我们地质学家考究一地的地质史，也只好从那时起。比如历史家考究一国一民族的历史，只好从那一国一民族初有历史记录的那一天起。

关于匀和说适用的范围，自莱尔以后，学者主张颇不一致。极端主张匀和者，以为沉积岩初发生的时候，就是匀和的变化开始的时候。这种主张，不过是一个主张，我们颇难判决它的是非，也不必判决它的是非。

【叙述说明】说明这种主张只是个人的观点，没有充分的科学依据，不具有参考价值和意义。

古生物学家和地质学家依古代生物继承的情形及古代地壳极显著的鼓动，将海陆划分以后，直至今日，地球所历的时间，分为若干时代。

时代名目	距现今的年数（以百万为单位）
新生世最新	约 1.0
更新	约 2.5
次新	约 6.3
少新	约 8.4
初新	约 65
中生代	白垩纪
	侏罗纪
	三叠纪
古生代	二叠纪
	石炭纪
	泥盆纪
	志留纪
	奥陶纪
	寒武纪

在学过地质学的人看起来，有时代的名目便够了，然而未曾学过地质学的人看了这些名目，如未学历史的人看

了周宣王时代，罗马恺撒(Caesar)时代等名目一样，没有什么意义，所以我把这些时代到今天大概的年数举出来。这些数目，是从含放射元素的矿物推算出来的，并不可靠。之所以列入表中，不过借以表明年代之长。表中所列的各时代，都有特别的岩层及生物群作为代表，最要紧是上面各时代的次序。我们人类初诞生的时期，现在虽不能十分准确地断定，然而顶古也不能过“更新”期。新生代之初，才有哺乳动物发生，二叠纪时鸟始生，志留纪时鱼始生，寒武纪初组织较完全的动物如三叶、腕足类、珊瑚类始出现，而以三叶为最盛。寒武纪以前，亦当有初级的生物生存于世，然而留下的遗迹极少。这是生物学、地质学上极有趣的一个问题，而在中国北方研究要算正好，因为在中国北方寒武纪以前的岩石有一部分未曾遭甚大的变更，如藏有化石，不难详考它的形状。就我们现在地质学上的知识判断，匀和的变更，至迟也必不在亚尔艮纪以后。

那么，我们现在讨论的范围，无妨就从亚尔艮纪的末期起，范围既定，关于我们研究的方法，讨论的根据，不能不略加解释。我有一位同事，他曾教授人类学，有一天他正好老老实实地把历史以前的人类生活状态说了一番，说完了，有一个听讲的起来质问他，说：“我们知道历史的事实，因为有史册记载可凭。你所说的历史以前的人类生活状态，既无记载可据，你何以知道？你的话我都不信！”我那一位同事生了气，认为这个人对于学术太无信仰，不足与之谈。我却认为那一位质问的先生倒很有道理，我们如若将他的疑问稍加以分析，就知道他的意思是要问用什么方法，有什么根据，使我们知道历史以前的人类的生活状态。现在我们在讨论中国地势的沿革以前，似乎也应当把我们的方法说出来，并且同时把我们的根据扼要地摆出来。即使我们的推论结论不对，我们所举的事实还是事实，那些事实总是有用的。

讲地质学的人都知道一个老比喻，那就是我们脚踏的地层，好像是一册书，一层就是书的一页，书中有文字图

【知识拓展】

放射元素：能够自发地从不稳定的原子核内部放出粒子或射线，同时释放出能量，最终衰变形成稳定的元素而停止放射的元素。

【叙述说明】

说明地球历史上各个时代的生物的种类。

【叙述】

没有根据的讨论只会是纸上空谈，缺乏说服力，说明根据的重要性，引出下文。

画描写事实。地层由种种岩质构成，并有时夹着生物的遗体。我们知道现在地球上某样的地域，常有某种的岩石堆积成层。所以从过去时代所造成各地层质料的性质，我们可以推测当时岩层停积之处为何项地域，或为湖沼，或为河床，或为海湾，或为深洋。岩层中所夹的化石不独表示岩层生成之年代，并且有时亦能表示其生成的地域，因为大洋的生物群、浅海的生物群、咸水中的生物群、淡水中的生物群，各有特象。地质学家所研究的，就是这些事。诸如此类，数不胜数。我现在不过举一二最显著之点，以求取信于非地质学家而抱怀疑态度的人。不怀疑不能见真理。所以我很希望大家都持一种怀疑的态度，不要为已成的学说所压倒。

【比喻】

将地层比喻成一册书，形象生动，读者理解起来也更容易。

【解释说明】

对岩层中化石所包含的信息进行解释说明，这就是地质学家们的研究根据。

现在我可以接着讲中国地势的沿革了。头一件我们当注意的事，就是中国的地质构造可分为南北两部。秦岭山脉为天然的界线，秦岭以北称为北部，秦岭以南称为南部。中国南部地层的构造较为复杂，所以我们知道中国南方地势的变迁较为复杂；北方构造除西北一隅外，极为简单，所以我们知道北部海陆的变迁颇为简单。

【叙述说明】

根据我国地层构造的特点，可以判断出不同区域地势的变化情况。

玄古时代的岩石在中国北方露头甚多，在山东东部、东三省尤著。内蒙古、山西、河北各处都有露头。此项最古老的岩石，威利斯和布莱克威尔德称之为泰山杂岩。因为造成泰山的岩石，据布莱克威尔德的观察，都是属于这一类。泰山杂岩中夹着许多片麻岩。那些片麻岩，也许是沙泥质的变形。假若它们果真是沙泥质的变形，那是在玄古的时代海陆早已划分，种种地质的变更，已经照常进行，但是它们原来是否是沙泥，还在未定之天。即令是沙泥等质，即令它们足以表示玄古时代侵蚀的作用，然而那泰山杂岩中的各项岩石，都经过剧变，杂乱无章，由某种岩石的分配而断定当时海陆的分配，是绝对做不到的事，所以玄古时代中国的地势问题，我们现在尽可不必做无谓的讨论。以前所定讨论的范围，就研究的方法看来，实在是不得已而划定的。

【知识拓展】

片麻岩：由岩浆岩或沉积岩经深变质作用而成的岩石。

【叙述说明】

说明判断玄古时代中国地势的依据还不够充分。

【本文是李四光应北京大学地质研究会之邀于1922年2月5日在北大二院第一教室所作《中国地势之沿革》之演讲。全文载于1922年2月15日《北京大学日刊》第954号，后于1923年将题目改为《中国地势变迁小史》，由商务印书馆以百科小丛书的形式出版，1935年出版第二版，1937年出版第三版。现选的是1935年的第二版。文章一开头就强调了“不能为已成的学说压倒”，要有“为真理奋斗”的治学精神。李四光认为，真正地做学问，既要尊重前人的研究成果，尊重事实根据；又要允许怀疑，提倡怀疑，“不怀疑不能见真理”。文中还对莱尔的均和论(即均变论)提出了自己的看法。他一面承认均变论是研究地质发展史最重要的一条原则，但又怀疑对均变论的绝对运用。然后开始旁征博引，从地质历史最早的震旦纪讲起，一直讲到最新的第四纪，对中国疆域内的沧桑变化，各个地质时代的特点，都做了概要的介绍。本书只选用了其中的序言与第六章两部分，题目为编者所加。】

【名师点拨】

本文的前半部分包含了地势沿革的基本概念和外国地质学家们关于中国地势的研究成果；文章后半部分先提到了关于地势演变的两种学说——均变论和灾变论，接着才是判断地势沿革的依据和中国地势变化的特征。从作者的叙述中可以看出他更赞同均变论，而对于中国地势沿革的判断，目前来看还比较简略。因为判断地势沿革需要依据，而作为依据的岩层及岩层中的化石需要不断发掘。当依据不足时，我们无法获知详细的信息，多做讨论也只是不知对错的徒劳行为。

【回味思考】

1.均变论的基本概念是什么？

2.中国的地势构造分为哪几个部分？各有什么特点？

侏罗纪与中国地势

名师导读

中国如今的地势并不是生来就这样，是经过多次地势变革的结果。地质学家们一直在寻找地势变迁的证据，以推测地球历史上各个时代我国地势大致出现了哪些变化。

侏罗纪以后，一直到今天，在中国所生的地层极不完整。就是那枯烈时代（一名白垩时代），欧洲的海里造了几千尺厚的石灰岩和白垩。然而中国除四川赭盆中，多少有点儿淡水沉积物作为这个时代的纪念以外，从未闻有何项枯烈纪的层岩。就现在我们的知识判断，中国本部绝无那时的海洋停积物可寻。

【举例子】

以白垩时代为例，指出中国尚未发现该时代的沉积物，说明中国地层极不完整的特点。

新生世的沉积物，在中国已经发现的共有几种。那就是：①含煤层的泥砂岩。辽河流域、朝阳、抚顺等处的煤层有大部分属于这个时代。云南、内蒙古等处的也属于这个时代。②红砂岩。这种砂岩不只遍布于长江各省，就是北至甘肃、内蒙古，南至广东，都有它的代表。这里边发现了许多哺乳动物的化石。据许洛塞（Schlosser）、孔庚（Koken）等人的研究，这些龙骨龙齿，大半都是“更新”期的生物遗骸，有时也有“最新”期的生物遗骸。③瀚海层。分布于内蒙古、新疆、甘肃各处。④湖沼停积。戴普拉曾在云南东部，安特生（Andersson）曾在山西南部（垣曲）遇见这种岩层。⑤汶河砾岩。布莱克威尔德曾于山东的汶河流域及河北的宁山盆地遇见这种岩石。⑥黄土。遍布于秦岭以北。除以上所举的几种沉积物以外，还有大堆的火山喷发物，张家口外的火山岩流，就是最著名的。

【知识拓展】

瀚海：一是指北方的大湖；一是指大沙漠。含义随时代而变。明朝以后专指戈壁沙漠。

自从侏罗纪的末期中国的地盘隆起后，中国已经成了

【叙述说明】
对侏罗纪末期以后中国的地势特点加以说明。

一个大陆国，南北虽都有内海以及湖沼，然而都不甚深。地形平均甚高，所以侵蚀的力量甚烈。久之侏罗纪末期所造的山岳，如秦岭等，渐渐失却了崎岖的形态，那时中国全国，可算得上一个高原。一直到初新生的末期，中国还是一个高原，当然高原上有河流湖沼。

【叙述】
具体介绍新生世中期亚洲地势发生的大变化。

到新生世的中期——大约是“次新”的时代，世界又发生了地势大革命。欧洲产生了阿尔卑斯山脉，其影响及于全欧。亚洲产生了喜马拉雅山脉，中国的本部亦产生了两条山脉，并驾齐驱。这两条山脉，就是我们今天所看见的秦岭、南岭。因为这两条山脉的产生，几条大河随着产生。到这时候，黄河、长江、西江的流域已经大概定了，与现在差不多了。此次变动，大概是由南方来的，因为此时所造的山脉，大概都是由西至东。这回革命影响之远大，绝不亚于泥盆纪初的喀道利呢大陆改革、煤纪中的赫辛尼大陆改造。

此次变动的结果，不仅是地面山川的改造，内部的地层也产生了许多很大的裂缝，而且有许多地盘陷落。于是火山爆裂，岩汁迸出。内蒙古南部，展眼数万里，都是一片焦灼之象，辽河以东、东南海岸各处，时时有岩浆火山灰喷出。不只中国如此，就是西北欧，由英国西北部一直到冰岛（Iceland），也是火焰不熄。地力的运行，可谓极一时之盛。

【叙述】
介绍经历新生世中期的地势剧变之后我国的地势特点。

经这次剧变之后，中国的风景与之前大不相同。北方除了几个浅湖以外，都是平原或高原；南方山环水曲，森林遍地。所以幸好原野的动物如马类（Hipparion）都栖息于北方；而幸好低洼潮湿处、森林的动物，如鹿豕之类，繁殖于南方。据许·洛塞的研究，他们的祖宗也许是由北美洲来的。

地上的变更，不遑宁息，新造的高山渐被摧残。所生沙土，都转到附近的湖沼或海湾里去，于是红色砂岩产生。到了“更新”期的末期，世界的气候慢慢地变冷。北美洲、北欧等雨雪较多的地方，成了一个漫天的冰雪世界。中国

那时的气候如何，颇难断言。据我去年发现的几件事实推测起来，中国的气候也应是极冷，北部并有冰川流动，但是这个问题究竟如何，还待一番研究。

自从冰期以后，人类渐渐进步，在生物中称雄。因为中国北部的海渐渐枯竭，气候渐渐变干，风吹尘土，转扬几百万里。于是秦岭以北，大部分渐埋没于黄土之下。这种黄土，今天还在转移生长。

【解释说明】
对秦岭以北黄土地质的由来加以解释说明。

新生世中期大革命以后，中国的地势并不十分安定。中部的秦岭，恐怕还是继续地隆起。因为长江在四川赭盆的东部向地势较高的地方流动，水只能往低处流，所以能穿过高地者，必是先有河流而后地面上升。河流侵蚀的速率，与地面上升的速率相等或较大，所以水能流过。其余还有许多同样的证据，表示地壳近世的变迁，现在我们不必一一详论。

【叙述】
河流遗痕也是判断地势变化的一大根据。

总观几亿年的历史，我们现在知道我们中国这一块地皮，并不是生来就是这样的，至少经过几次大变革。我说大变革，仿佛给人一个骤起骤落的观念。这个观念是完全错了。我们要知道一两百万年，在地质学家心目中，只当寻常人心目中的一两天或一两个月。地质学家的近世至少要与历史学家的"盘古"以前相当。所以就是过去时代有极快的变更，绝不是整个的山海忽然不见了。现在就有许多事实，表示我们现在所居的时代，就是一个地势大变革的时代，借此可想象过去大变革的情形如何。

【对比】
以现代环境为参照，对比之下，大家就知道过去的地势变化有多么缓慢。

我一番话虽然多少有点儿根据，但不过给大家一个概念。可惜我们所知道的地层学上的事实太少，不能把我们的讨论弄得更有趣味，若是严格地讲起来，我们中国地势的历史还是黑暗的。要把这个过去黑暗的中国弄得大放光明，那得全赖我们大家将来的努力。

【本文为《中国地势变迁小史》的第六部分《侏罗纪以后中国的地势》一文的节选，论题为编者所加。】

【名师点拨】

本文主要介绍了中国地势在新生世中期之后的变革，而白垩时代的中国地势的变革难以考察，原因在于缺少作为判断依据的沉积物。依据新生世的沉积物和河流遗痕迹，以及其他相关证据，地质学家们能推测出新生世中期地势大变革后中国地势的变化。当然，由这些依据只能得出一个大概的结论，进一步的推测需要发掘更多的依据。

【回味思考】

1.我国新生世的沉积物发现了哪几种？

2.我国的地势于什么时代基本成型？

地球之形状

名师导读

地球是何形状？今时今日的大家都不再怀疑。但在过去那个被封建迷信影响的社会中，人们坚信天圆地方。科学家们是如何一步步发现地球的真实形状的呢？

昔日人类智识幼稚之时，咸以为地为平形，天覆其上，四海寰其周，天圆地方之说，大约由是而起。巴比伦及希伯来之谈天者，皆主张以此类似之说。诗人荷马（Homer）亦道及“瀛寰”，其信地为平形，大海寰之，似无可疑。及人类智识渐渐进步，观察渐渐敏锐，乃逐渐识破地平之说与日常经验大相径庭。如人由南往北，或由北往南，见北极星宿迁移高度；又如船舶之向大洋中进行者，于“海天相接”之处，逐渐落于水平线下，终至不可睹。其他尚有种种现象，皆足与人展示地球之概念。

【举例子】列举人们在生活中所观察到的自然现象，说明人们发现地球是圆形的过程。

首倡地形如球之说者，似为毕达哥拉斯（Pythagoras）。其后经亚里士多德（Aristotle）多方论证，地球之说，始能成立。亚里士多德复引数学家计算之结果，谓地球之周，约长40万司塔底亚（即4.6万英里），然当时信之者固寥寥也。

【叙述】当时的人们还被宗教迷信所影响，坚信着老一套的说法。

【知识拓展】**英里**：英美制长度单位，1英里等于5280英尺，合1.6093千米。

纪元前250年时，埃及学者埃拉托斯特尼（Eratosthenes）始计划一种方法，以实测地球之形状，其结果虽不精确，而其方法却传至今日，测地家咸袭用之。

依重力之法则和远心力之关系，牛顿断定地球应成扁球之状，扁球之短轴即旋转轴，赤道一带稍形隆起，其长轴与短轴之比应为230∶229。惠更斯（Huygens）亦依重力之关系，推测赤道之径稍大，两极之径稍小，其比应为579∶578。1735年，法国科学院之科学专家为考察地球究竟是否成一扁球，特别组织两个考察队，一赴秘鲁，测量

【议论】
通过议论，指出雅可比关于地球形状的理论的漏洞。

赤道附近每一度所夹之弧长；一赴波罗的海北部之波士尼亚(Bothnia)湾，测量近于北极方向每一度所夹之弧长。以两方所得之结果相比较，证实地球之形确属一种扁球，或与扁球类似之形状，赤道一带隆起之度较大。

自兹以后，地球为一种扁形球体之说，学者虽认为已经证实，然究竟成何种扁形，则仍属疑问。雅可比(K. G. Jacobi)从动力学方面证明匀质流体旋转之时，其平衡之形状，不限于扁球，椭球之三轴成某一定之比，并在某一定旋转之时间者，若依其最短之轴旋转，亦可入于平衡之状态。地球为三轴椭球之说，由此而得力学上的根据。唯地球既非匀质之流体，则雅可比之假定，似乎根本不能成立。况就现今大陆与海洋分配之情形而论，非独三轴椭球一见而知其不能与地球之表面符合，即任何数理上之形状，恐亦未能与地表实际之形状一致。

【叙述】
指出这些人只敢炒作，却拿不出具体成果，表达了作者的嘲讽之意。

因此，我们只可求一较为近似且较为简单之数理上的形式作为代表，是则舍扁球而外无他也。近日报传有某某三君，经数年研究之结果，否认地球为圆形，并否认自转公转等事实，得某某商会之助，制成新式时辰表一架以定时刻，一若为世界上一大发明者。三君能将其破天荒之学说及其制造公诸世乎？

【本文刊于《太平洋》第四卷，第十号。】

阅读与理解

【名师点拨】

科学家们通过科学的探索和测量打破了过去对地球形状的迷信看法，这才有了今时今日人们对地球的正确认知。对于广大青少年而言，科学家们迎难而上、坚持不懈的探索精神是值得学习的。

【回味思考】

1.牛顿判定地球是扁球状的依据是什么？

2.雅可比的理论有什么漏洞？

地壳的概念

名师导读

地壳是什么？人们普遍认为我们脚下的大地就是地壳，至于头顶的大气层，那和地壳应该扯不上什么关系。这个说法到底准不准确呢？一起来看看作者在本文中的解释吧。

人们都以为我们住在地壳的表面，实际上我们并非住在地面，而是在地中。我们的头上还有一层空气压着我们，包着我们。这层“气壳”的厚度，大致在三四百千米以上，不过愈向上走，气壳的密度愈小，压力也愈小，高到四五十千米的地方，气压已经比1厘米水银柱的压力还小。我们住在气壳底下，正和许多海洋生物住在海底，抑或蚯蚓之类住在土中相似。气壳的组成，并非上下一致的。下部氧气较多，所以生物得以生存。愈往上走，氮气愈多，到100千米以上，几乎完全是氮气。再往上是氦气(He)，更上氢气(H_2)成了主要的成分，严格地讲，这一圈大气，要算是地球的表皮，要算是地壳，但是因为流质的关系，通常不认为它是地壳。我们不仅不认为大气层为地壳，连那海洋也不认为是地壳的一部分。

【开门见山】开篇直接明了，指出人们对地壳的错误认识，引出下文的解释。

【叙述说明】说明科学概念与人们的常识的出入之处。

实际上所谓“地壳”者，虽无严密的定义，然而大致可说是指地球上部由普通岩石组成。普通人所见的，只是岩石层的表面。地质学家所见的，也不过从最新的地层到最老的地层以及各种所谓火成岩，一名岩浆岩。那些极新的地层到极老的地层在一个地域总共的厚度，至多也不过20余千米。然则我们怎样知道地下还有类似地表的岩石？怎样知道这些岩石往下伸展的厚度？怎样知道地下是由固态或液态抑或气态物质组成的？这些问题如果都是悬案我们有何理由说出地壳的名词?

然而地壳的名词,久被人用。地壳上的人们,不见得对于地壳有极明显的了解。只是揣想着地下的材料总和在地表露出的材料不同。这种观念的产生,大约一面受了星云学说的影响,一面又因为火成岩和地温的分配,似乎地下愈到深处,温度愈高,若温度超过一定的限度,一切的固质,不免变为流质,火山爆裂,岩浆迸出,骤然一看,似乎都可以作流质地球的证据。而所谓地壳者,正如地壳包着卵白卵黄。可是天体力学告诉我们,这样鸡蛋式的地球,是不能成立的。如果地球是像鸡蛋式的构造,它早已受不起旋转和日月吸引的力量,绝不能成现在这样的形状。

【叙述说明】对鸡蛋式的地球这种假说进行分析说明,指出其漏洞之处。

传统思想,如此的混沌。因此,对于地壳这一个名词,我们不敢任意接受。我们如若还想利用这一个名词,不能不做进一步的求证。且看我们能否替它找出相当的意义。我们没有方法去打极深的地洞,看里面的情形。现在世界上用人工凿出的最深的地洞,也不过2000多米。地球如此之大,就是再凿穿2000米,也算不了一回事,况且愈到深处,工作的困难,增加愈多。我们还要知道世界上有许多的事物,我们尽管能看见,能直接地感触,我们不见得就能认识,就能了解。观察是一回事,了解又是一回事。所以要看地球内部的情形,不能用肉眼,只能用智眼,不能直接地检查,只好用间接的方法探查。间接的方法,可分为下列几项,当然,仅就重要者而言:①地温;②岩石的分配;③地震;④均衡现象(内文均从略)。

【叙述】介绍间接探查地壳奥秘的四种重要方法。

依前述种种观测判断,地球的表面,除了大气层和海洋之外,确有较轻的岩石,构成地壳。在大陆方面,地壳可分为两层,其间界限,不甚清楚,一名里壳,一名表壳。表壳由酸性岩石如花岗岩之类构成,里壳由基性岩石如玄武岩之类构成。在海洋方面,尤其是太平洋方面,似无表壳,只有里壳。大西洋为一个形成较晚的海洋,所以情形稍有不同。表壳的厚度,至少有15千米,也许到20千米

【叙述说明】向读者说明表壳和里壳的构成,指出太平洋与大陆的不同之处。

以上。里壳的厚度，大致与表壳相等。两壳总共的厚度至少有30千米，也许厚到45千米。这是就普通的厚度而言。在特别的地方，它的厚薄，也许不是完全一致，不过不能超过此限太远。地壳以下，便是极基性而且甚重的岩石，与造成地壳的材料，性质颇有差异，现在我们所知道的情形，如此而已。

【本文节选自《地壳的概念》(《武汉大学理科季刊》，第2卷，第9期，1931年)的第一部分和最后部分。】

【名师点拨】

作者先用类比的手法向我们解释了人们生活在气壳底下，接着介绍了地壳的定义。从作者的描述中我们可以看出，目前地质学家们对地壳的了解只限于通过间接方式探视出的基本概念。因为相较于地壳的厚度，人们能直接探查的厚度实在微不足道。

【回味思考】

1.越往大气层高处氧气含量会有什么变化？

2.地壳可分为几层？

如何培养儿童对科学的兴趣

名师导读

科学需要一代代人薪火相传，科学研究需要一代代人接力。科研对各国发展都起着至关重要的作用，这是一场接力赛。儿童是祖国的明天，培养他们对科学的兴趣是十分必要的。

【开门见山】开篇点明培养儿童对科学的兴趣的重要前提。

要培养儿童对科学的兴趣，首先要培养儿童对祖国、对劳动人民的热爱。也只有具有这种热爱的人，才能无私地去钻研科学，用科学的成就来发展祖国的生产能力，提高文化水平，从而把那些宝贵的成就贡献给全体人类，丰富他们的生活。这样才能充分地发挥无产阶级领导的社会中儿童的高贵品质。这种崇高的品质，不是资产阶级社会中从事儿童教育的人们所能彻底了解的。

【引用】引用名人名言，言简意赅，指出对待科学的正确态度。

科学对于自然犹如战争中的武器。要想战胜自然，我们必须掌握这种科学的武器。苏联伟大的生物学家米丘林说："我们不能等待大自然的赐予，我们要向它夺取。"为着使自然更驯服于人类的意志，我们必须从认识自然进而改造自然，而科学就必须在这样的过程中发挥作用。

【举例子】列举生活中的种种例子，具体说明该如何培养儿童对自然的兴趣，便于读者的理解。

应当使儿童从很幼小的时候起，就注意到自然的伟大。家庭和学校的教育应该培养儿童对自然的兴趣和改造自然的愿望。在儿童好奇探求自然界知识的时候，应该加以诱导，应当利用游戏和玩具来发展儿童对于自然的认识和创作的要求。譬如建筑的游戏，可以培养思考和想象力；沙土的游戏，可以初步发展改造世界的要求和愿望；飞机模型的创造，可以增加儿童对于航空机械的兴趣；而庭园种植花卉的劳动、大自然中的旅行、工厂的参观，都可以培养儿童对于大自然的爱，对于祖国的爱，对于科学

的兴趣。有许多儿童从小就有将来做科学家的愿望，这是好的，但必须好好地培养。我们科学工作者，应该帮助学校培养儿童对科学的兴趣。譬如与儿童会见，给他们讲科学发明的故事与新的科学成就，帮助儿童进行科学实验和创造活动等。

中国的儿童，是完全有条件在科学上发展自己的才能的。为了获得科学的成就，我们还须更艰苦和更坚决地努力。苏联伟大的生物学家米丘林、伟大的生理学家巴甫洛夫一生的奋斗，对于这种必需的毅力，就提供了很好的榜样。伟大的无产阶级导师马克思、恩格斯、列宁的一生奋斗的事迹和伟大的理想，更辉煌地照耀着我们儿童们光辉灿烂的前途，我为中国幸福的儿童们欢呼。

【抒情】
表达了对中国的自豪，以及对美好未来的憧憬。

【该文于1952年5月31日发表在《人民日报》上。文章虽然不长，但反映了李四光关心中国新一代的成长。他十分重视对少年儿童的教育，指出首先应该是德育，接着是智育。文章反映了李四光教授对培养中国科技人才的长远目光。】

【名师点拨】

作者开门见山，首先就强调了精神品质的重要性。只有爱祖国、爱人民的人才能无私地投入到科研工作当中。当然，作者没有一味地大谈精神品质，而是列举了生活中的例子，指出该如何引导孩子对自然科学产生兴趣，又该如何给孩子树立精神上的榜样，可见培养儿童对科学的兴趣需要双管齐下。

【回味思考】

1.怎样才能培养儿童对自然的兴趣？

2.为了获得科学的成就，我们该具备怎样的精神？

看看我们的地球

名师导读

相较于地球漫长的历史，我们人类诞生的历史便显得微不足道。即便人类社会发展至今，地球于我们而言还是神秘且充满未知的。目前人类探索到的能源已捉襟见肘，地下更深处是否还有更丰富的资源呢？

【解释说明】 对地球大气圈、大陆和水圈的定义加以解释说明。

地球是围绕太阳旋转的八大行星之一，它是一个离太阳不太远也不太近的行星。它的周围有一圈大气，这圈大气组成它的最外一层，就是大气圈。在这层下面，就是有些地方是由岩石构成的大陆，大致占地球总面积的十分之三，也就是岩石圈的表面。其余的十分之七都是海洋，称为水圈。水圈的底下也都是岩石圈。不过，在大海底下的这一部分岩石圈的岩石，它的性质和大陆上露出的岩石的性质一般是不同的。大海底下的岩石重一些、黑一些；大陆上的岩石比较轻一些，颜色一般也淡一些。

【叙述说明】 介绍岩石圈的形成方式，它的演变形式是不规则的。

岩石圈不是由不同性质的岩石规规矩矩构成的圈子，而是在地球出生和它存在的几十亿年的过程中，发生了多次的翻动，原来埋在深处的岩石，翻到地面上来了。这样我们才能直接看到曾经埋在地下深处的岩石，也才能使我们想象到岩石圈深处的岩石是什么样子的。

【类比】 用皮球和纸来类比说明，这样的说法更加通俗易懂，便于读者理解。

随着科学不断地发展，人类对自然界的了解是越来越广泛和深入了，可是到现在为止，我们的观测所能钻进岩石圈的深度，顶多也不过十几千米，而地球的直径却有着1.2万多千米呢！就是说，假定地球像一个大皮球那么大，那么，我们的眼睛所能直接和间接看到的一层就只有一张纸那么厚。再深些的地方究竟是什么样子，我们有没有什么办法去勘察呢？有。这就是靠各种地震波给我们传送

来的消息。不过，通过地震波获得有关地下情况的信息，只能帮助我们了解地下的物质的大概样子，不能像我们在地表所看见的岩石一样那么清楚。

地球深处的物质，与我们现在生活上的关系较少，和我们关系最密切的，还是岩石圈的最上一层。我们的老祖宗曾经用石头来制造石斧、石刀、石钻、石箭等从事劳动的工具。今天我们不再需要石器了，可是，我们现在种地或在工厂里、矿山里劳动所需的工具和日常需要的东西，仍然还要从岩石圈获取原料。随着人类的进步，向岩石圈索取这些原料的数量和种类越来越多了，并且向岩石圈探察和开采这些原料的工具和技术，也越来越进步了。

【举例子】
以从岩石圈中发现的资源为例，说明岩石圈内蕴藏的资源之丰富。

最近几十年来，从岩石圈中相继发现了各种具有新的用途的原料。比如能够分裂并大量发热的放射性矿物，如

铀、钍等类,我们已经能够加以利用,如用来开动机器、促进庄稼生长、治疗难治的疾病等。将来,人们还要利用原子能来推动各种机器和一切交通运输工具的发展,要驯服它们为我们的社会主义建设服务。

【设问】恰当合理地使用设问强调这一问题,引起读者的注意和思考。

这样说来,岩石圈最上层能够给人类利用的各种好东西是不是永远取之不尽呢?不是的。岩石圈上能够供给人类利用的各种矿物原料,正在一天天地少下去,而且总有一天要用完的。

那么怎么办呢?一个办法,是往岩石圈下部更深的地方要原料,这就要靠现代地球物理探矿、地球化学探矿和各种新技术部门的工作者们的共同努力。另一个办法,就是继续寻找和利用新的物质和动力的来源。热就是便于利用的动力根源。比如近代科学家们已经接触到了的很多方面,包括太阳能、地球内部的巨大热库和热核反应热量的利用,甚至有可能在星际航行成功以后,在月亮和其他星球上开发可能利用的物质和能源等。

【叙述】可见新能源的获取方法还十分不成熟,更突出了节约资源的重要性。

关于太阳能和热核反应热量的利用,科学家们已经进行了较多的工作,也获得了初步的成就。对其他天体的探索研究,也进行了一系列的准备工作,并在最近几年中获得了一些重要的进展。有关利用地球内部热量的研究,虽然也早为科学家们注意,并且也已做了一些工作,但是到现在为止,还没有达到大规模利用地热的阶段。

人们早已知道,越往地球深处,温度逐渐增高,大约每下降33米,温度就升高1℃(应该指出,地球表面的热量主要是靠太阳送来的热)。就是说,地下的大量热量,正闲得发闷,焦急地盼望着人类及早利用它,让它也沾到一分为人类服务的光荣。

【拟人】将地下的热量拟人化,增加了文章语言的生动性,富有趣味。

怎样才能达到这个目的呢?很明显,要靠现代数学、化学、物理学、天文学、地质学以及其他科学技术部门的共同努力。而在这一系列的努力中,一项重要而首先要解决的问题,就是要了解清楚地球内部物质的结构和它们存在的状况。

地球内部那么深，那么热，我们既然钻不进去，摸不着，看不见，也听不到，那么怎么能了解它呢？办法是有的。我们除了通过地球物理、地球化学等对地球的内部结构进行直接的探索研究以外，还可以通过各种间接的办法来对它进行研究。比如，我们可以发射火箭到其他天体去发生爆炸，通过远距离自动控制仪器的记录，可以得到有关那个天体内部结构的资料。有了这些资料，我们就可以进一步用比较研究的方法，了解地球内部的结构，从而为我们利用地球内部储存的大量热量提供可能。

【举例子】

以可行的办法为例，说明地球内部的热是有途径可探索的。

在这些工作取得成就的同时，对现时仍然作为一个谜的有关地球起源的问题，也会逐渐得到解决。到现在为止，地球究竟是怎样来的，人们做了各种不同的猜测，各人有各人的说法，各人有各人的理由。在这许多的看法和说法中，主要的有下述两种：一种说法，地球是从太阳分裂出来的，原先它是一团灼热的熔体，后来经过长期的冷缩，固结成了现今具有坚硬外壳的地球。直到现在，它里边还保存着原有的大量热量。这种热量也还在继续不断地慢慢变冷。另一种说法，地球是由小粒的灰尘逐渐聚合固结起来形成的。他们说，地球本身具有热量，是由于组成地球的物质中有一部分放射性物质，它们不断分裂而放出大量热量。随着这种放射性物质不断地分裂，地球的温度在现在可能渐渐增高，但到那些放射性物质消耗到一定程度的时候，就会逐渐变冷。

少年朋友们，从这里看来，到底谁长谁短，就得等你们将来成长为科学家的时候，再提出比我们这一代科学家更高明的意见。

【叙述】

鼓励少年朋友们努力学习，成为新时代科学领域的接班人。

我相信，等到你们成长为出色的科学家，以及跟着你们学习的下一代和更下一代的年轻科学家们来到世界的时候，人们一定会掌握更丰富、更确切的资料，也将更广泛更深入地了解地球本身和我们太阳系的过去和现在的状况。这样，你们就有可能对地球起源的问题得出比较可靠的结论。

【想象】

添加主观想象的内容，表达了作者对未来的美好憧憬，激励读者为了理想而奋斗。

也可以相信，再经过多少年，人类必定会胜利地实现到星际去旅行的理想。那时候，一定会在其他天体上面发现许多新的生命和更多可以为我们所利用的新的物质，人类活动的领域将空前地扩大，接触的新鲜事物也无穷无尽。这一切，都必定使人类的生活更加美好，使人类的聪明才智比现在不知要高多少倍，人类的寿命也会大大地延长，大家都能活到一百几十岁到两百岁或者更高的年龄。到那个时候，今天那些能够活到七八十岁的老人，在这些真正高龄的老爷爷眼前，也就像你们的教师在今天的老人前面一样要变成年轻人了。

【叙述】

告诉读者光有好奇心不行，还要付出实际行动。

少年朋友们，你们想想，这么大的变化，多有意思啊！

我们不能光是伸长脖子，窥测自然界奇妙的变化，我们还要努力学习，掌握那些变化的规律，推动科学更快地前进，来创造幸福无穷的新世界。

【该文是李四光给少年儿童写的一篇科学小品。文章深入浅出地介绍了地球的结构和在太阳系中的位置，以及关于它的起源的不同学说，刊登在《科学家谈二十一世纪》一书中，于1959年10月由上海少年儿童出版社出版。】

【名师点拨】

作者为我们解释完大气圈和水圈的定义后，将主要内容放在了对岩石圈的解释说明上。人类目前对岩石圈的探索不过是皮毛，想要获得石圈中更多的秘密、更多的资源，势必要往更深处探索，而这在短期内是很难达成的，需要一代又一代科研工作者接力下去。

【回味思考】

1.海底的岩石和陆地上的岩石有什么区别？

2.地球究竟是怎么诞生的？

从地球看宇宙

名师导读

我们现如今看到的星星，就是它们现在的真实模样吗？如果有人告诉你那是它们几万，甚至几十万年前的模样，你会不会很惊讶？到底是怎么回事呢？一起来了解下吧！

在宇宙空间中，分散着形形色色的天体和物质，它们都在运动，都在变化。就某种特定的形态而言，有的正在生长，有的达到了成熟的阶段，有的已经消逝。我们今天看到的宇宙，是其中每一团、每一点物质，在有关它们各自历史发展过程中的一个剖面的总和。这个总和，不仅具有空间的意义，而且具有时间的意义。其之所以具有时间意义，是因为分布在宇宙空间的天体和物质，距我们有的比较近，有的很远很远，尽管光的速度很快，可是这些光传递到地球需要长短不等的时间。因此，我们在同一时间，通过它们各自发出的辐射所获得的印象，是前前后后相差很远很远的时间的印象总合起来的一幅图像，在这个相差很远很远的时间中，不但恒星、星系等的形象有所变化，它们彼此的相对位置，在几万年甚至几十万年中，也大不相同。可以断定，今天我们所见到的天空的面貌，不是天空今天真正的面貌，有的已成过去，有些新生的东西，还要等待很久很久以后，才能在地球上看见。

【排比】通过排比修辞，列举宇宙空间中天体和物质的变化方式，说明它们的变化是不同步的。

【解释说明】说明我们看到的天体是它很多万年前的面貌，即便是光传递也需要漫长的时间。

天文工作者用来衡量宇宙空间距离的单位之一是光年。光的速度每秒 2.997925×10^5 千米（约 30 万千米/秒），一年的时间内光的行程叫作一光年，即 9.46×10^{12} 千米（近 10 万亿千米）。近代天文工作者们，用来观察宇宙的工具，有各种类型的望远镜，其中有大型反射镜，还有各种特制

【列数字】使要说明的内容更准确、更科学、更具体，让读者信服。

【知识拓展】

射电天文：天文学的一个分支，通过电磁波频谱以无线电频率研究天体。

【叙述说明】

以雷达和光学望远镜做比较，便于读者理解射电望远镜的工作原理。

的光谱分析仪，可以用来测量发光天体的温度、组成物质和运动等。最近20年来，射电望远镜发展很快，这种工具的设计和使用，已经成了一项专业，叫作射电天文。射电望远镜实际上并不是什么望远镜，而是装上了特殊形式天线的无线电波接收器。第二次世界大战的后期，已经有人利用雷达装置侦察来袭的飞机和导弹，现在的射电望远镜，就是在雷达接收装置的基础上发展起来的。射电望远镜能探测的电磁波范围和光学望远镜不同，所以它不能代替光学望远镜所能做的工作。

天文工作者们使用这些工具进行探索宇宙物质形态和运动已经多年了，他们逐步摸索出来一些观测和研究方法，获得了一些比较可靠的成果。

最近，宇宙飞行技术的发展，对天体，特别是对我们太阳系成员的研究（包括行星、卫星和彗星），提供了新的途径，发挥了其他方法所不能起的作用。对于恒星的观测，也起了某种作用，因为在地球大气之外，能接收和分析那些被地球大气滤掉而不能到达地面的X射线、γ射线、远紫外辐射等。

【《天文·地质·古生物资料摘要（初稿）》引述了天文、地质、古生物等方面的有关资料，所以定名为此。该书还阐述了地质科学在其发展过程中所存在的一些问题，并提出了作者的一些见解。该书于1972年9月由科学出版社出版，此文为节选。】

【名师点拨】

作者在本文中提到了关键的一点，那就是空间上的距离和时间上的间隔。由于宇宙当中的天体和物质相隔着遥远的距离，即便是以光速行进，从一个天体到达另一个天体也需要极为漫长的时间。

【回味思考】

1.为什么我们见到的天空的面貌不是它真正的面貌？

2.射电望远镜和光学望远镜有什么不同？

地 壳

名师导读

地质学家们一直致力于对地壳的深入研究，但受限于科技水平，地质学家们只能探索到地壳内极为有限的区域。这个能被人探索到的区域有多大呢？

【叙述】

叙述人们猜想中原始地球的两种面貌。

原始地球，有些人认为其表面有全球性的海洋覆盖，后来才划分为海陆；也有些人认为，所谓全球性海洋，纯属无稽之谈，自从地球形成以来，有了水就有了海陆的划分，海与陆，是原始地球固有的表面形态。这两种设想，都是空想，都无可靠的根据，也不值得议论。我们现在谈地壳的问题，只好从实际出发，从地球表面现实的状态出发，这个现实的状态，至少在二十几亿年以前，已经基本上形成了。自此以后的地球，只是在有了岩石壳、陆地、海洋、大气的基础上向前发展的。

【叙述说明】

指出地球的表层能反映出地球内部和外部的变化。

地质工作者所能直接观测的范围，到现在为止，只限于地球的表层。这个表层，只占地球表面极薄的一层。但是，构成这一薄层的物质和它结构的形式，却反映了地球在它的长期发展过程中，内部和外部各种变化正负两方面的总和。

【举例说明】

以岩浆上升的现象为例，指出地球的内部变化既有建造作用，又有破坏作用。

内部变化，主要是建造性的，但有时既有建造作用，又有破坏作用。例如岩浆（即炽热的熔岩）上升，或并吞和熔化上层某些部分，继而又凝固；或侵入上层，破坏了它的完整性，同时又把它填充、胶结起来，而成为一个新的、更复杂的整体。外部变化，在大陆上，主要是破坏性的，而在海洋中，主要是建造性的。但有时与此相反，在大陆上某些地区，特别是在干旱和低洼地区，被破坏了的物质，积累起来而成为建造；在海洋中，由于海底潮流的作用，

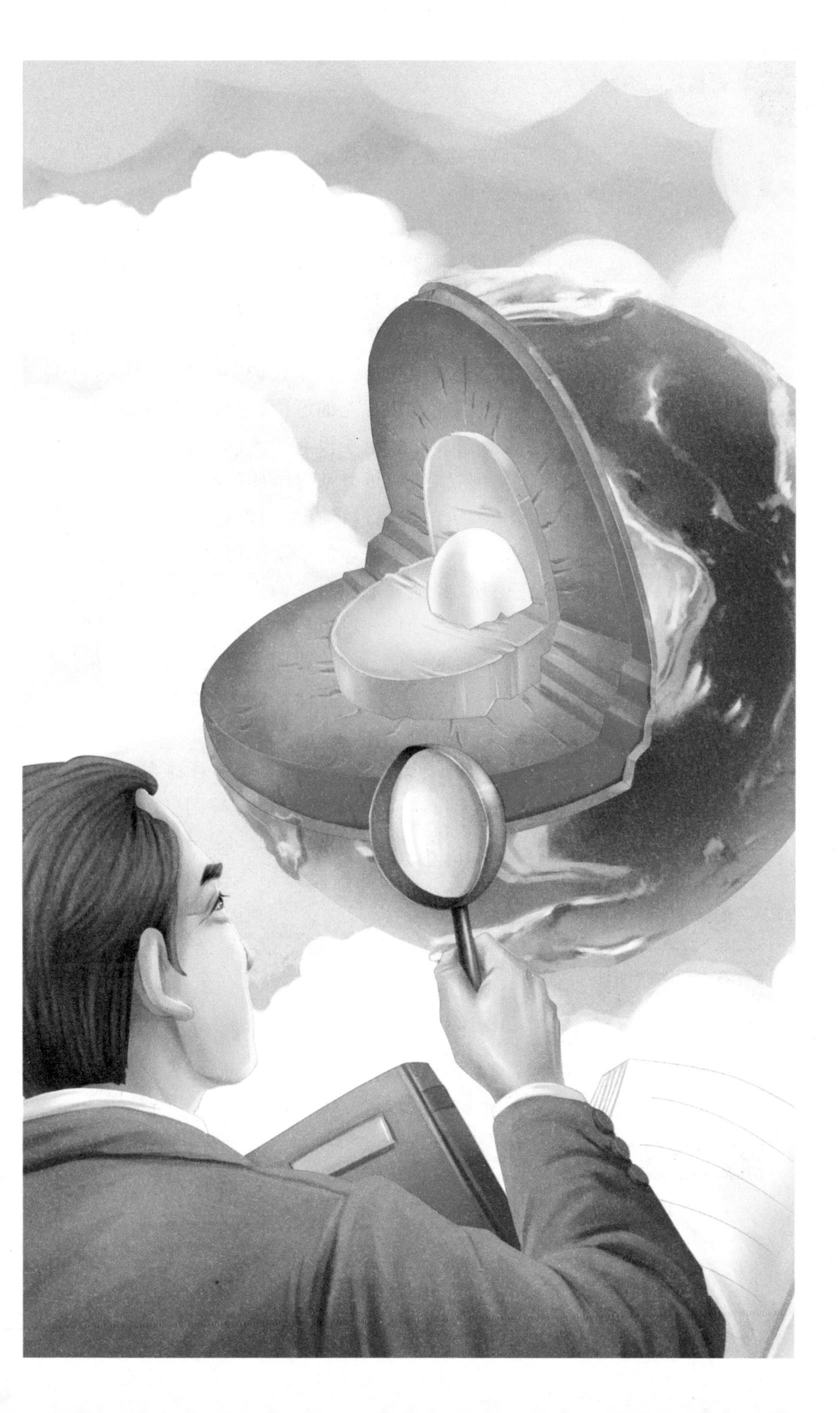

把已经形成的建造，部分或全部冲毁，被潮流带到其他海域，再沉积下来。

所谓地球的表层，并没有明确的界线。概略地讲，就地质工作者直接观察的范围来说，在某些褶皱强烈的山岳地带，能观测的厚度不超过十几千米，而在另外一些地层平缓的平原地区，能直接看到的地层厚度那就很有限了。这样的厚度，比起地球的半径来说，那是微不足道的。还必须指出，人们能直接观测的厚度，仅仅是地球表层的上部。表层究竟有多厚？由于没有明确的界线，更谈不上地壳的厚度。但是，我们可以从这个能见到的表层中，找出与地球漫长的历史发展过程有关的资料。

【设置悬念】
调动读者阅读兴趣，给读者留下思考空间。

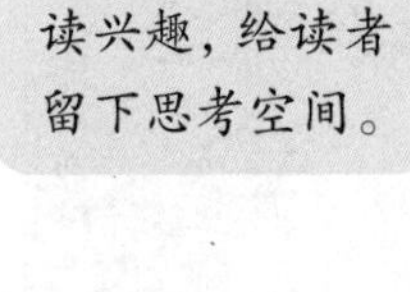

很早以来，人们从地球的表层所得到的印象，逐渐形成了地壳的概念。随着地质科学的发展，地壳的概念逐渐变得比较明确了。但至今还很难指出全球地壳的厚度究竟有多厚，控制地壳形态的主要因素又是什么。现在，综合各方面的探索结果，来看我们今天对地壳的认识达到了什么程度。

【本文摘自《天文·地质·古生物资料摘要（初稿）·地壳的概念》第一部分，题目为编者所加。】

【名师点拨】

相较于地壳的厚度，地质工作者们能探索到的厚度显得微不足道，只是地壳表层的上部。即便如此，地质工作者们仍在竭尽所能地根据在表层发掘到的物质和结构形式，对地壳内部结构进行推测。

【回味思考】

1.地质工作者对地壳的观测范围有多大？

2.地壳的内部变化有哪些？

地 热

名师导读

地热因何而来？它的出现是否有规律可循？在可消耗资源日渐紧缺的现代社会，新能源的开发已经提上了科研日程。地热能否为人们所用呢？

有一种地球起源的概念，到现在还占着相当重要的统治地位。就是说地球原来是一团高温度的物质，后来这团物质逐渐冷却，在地球表面上结成壳子，这就叫作地壳。这样形成的地壳，从表面到地球的深部，温度就必然越来越高。从钻探和开矿的经验看来，越到地下的深处，温度确实越来越高。但地温增加的情形各地不同，同在一地又随深浅而有不同。地温每增加1℃，往下进入的深度名叫地温增加率，在亚洲大致40米增加1℃（我国大庆20米、房山50米），在欧洲绝大多数地区是28 ~ 36米增加1℃，在北美洲绝大多数地区为40 ~ 50米增加1℃。这个地温增加率，并不是往下一直不变的。我们假定每深100米地温增加3℃，那么只要往下走40千米，地下温度就可到1200℃。现今，世界上各处火山喷出的岩流，即使岩流的熔点因压力的增加而有所变化，温度也大都在1000℃ ~ 1200℃。据实验结果，玄武岩流在40千米的深度下，它的熔点不过增加60℃。这个数字，看来对熔岩影响甚小，对上述的1000℃ ~ 1200℃的估计没有什么影响。根据地热的情况，地壳的厚度大约在35千米。

【铺垫】介绍地球起源于高温度物质的概念，为下文做铺垫。

【举例子】列举世界各地域的地温增加率，说明地温增加的情形各地不同。

以上是从玄武岩的特点来推测地壳的厚度。现在从地球表面的热流和构成地壳的各层岩石中所含放射性元素蜕变的发热量来探测一下地壳的厚度。地壳的上层，主要是由花岗岩之类的酸性岩石组成的；地壳的下层，主要

【叙述】叙述地壳的上层和下层的主要构成，两者存在着明显的区别。

是由玄武岩之类的基性岩石及超基性岩石组成的。

花岗岩之类的酸性岩石，平均每100万克每年由铀发出的热量为2.3卡，由钍发出的热量为2.1卡，由钾发出的热量为0.5卡，即平均每100万立方厘米的花岗岩类岩石每年发出13.7卡的热量；玄武岩之类基性岩石以及其下的超基性岩石，平均每100万立方厘米每年发出3.8卡的热量，其中超基性岩石所发出的热量，占极小的比重。

【列数字】
用具体数字加以说明，更准确、更科学、更有说服力。

地球表面的热流平均值为每秒每平方厘米1.25×10^{-6}卡（即每年每平方厘米40卡），除了特殊的地热异常地区或地带以外，这个数值，最小的不小于0.8×10^{-6}卡，最大的不大于2.24×10^{-6}卡。用平均热流的数值乘地球全部面积，即得每秒热流总量为$1.25 \times 510 \times 10^{10} \approx 64 \times 10^{11}$卡（即每年$20 \times 10^{19}$卡），其中大陆方面占每秒$2.2 \times 10^{13}$卡，即每年$7 \times 10^{20}$卡。假定大陆壳上层的厚度为18千米，地壳下层厚度也是18千米，按上述地壳上下两层发生的热量计算，大陆壳发生的热量为每年5.4×10^{19}卡，差不多可以抵消它失去的热量的80%。可是大洋方面的情况就大不相同，如果假定大洋底上面平均有1千米厚的花岗岩类岩石，其下有5千米厚的玄武岩（实际上在广大的太平洋底只有玄武岩），有人计算过，构成大洋底地壳的岩石产生的热量，抵消大洋底失去的热量不到11%。

【对比】
将大洋的情况和陆地的情况进行对比，两者的差异一目了然。

以上假定的大陆壳的厚度和海底地壳的厚度，当然是指平均的厚度，上述数据虽然不完全可靠，但也不是毫无根据，从地震观测所获得的大量事实（详见后文），与上述假定大体上是相符合的。这样推测出来的大陆壳的厚度，与考虑玄武岩流所得出的厚度，也相差不大。

【解释说明】
通过高级生物存活下来这一点，推断大冰期来临时，地表平均温度下降的幅度并不会太大。

地球上自有生物以来，地面的平均温度，虽然有时发生较大的变化，如大冰期来临的时代，但至少最后三次大冰期并没有使比较高级的生物群灭亡，相反，有些新种族得到了特别的发育。这说明尽管地面平均温度下降了，但下降的幅度不会太大。否则高级生物很难继续生存下去，更说不上有所发展。

按前述构成地壳上下两层岩石含放射性元素的特点和它们的厚度来估计，地壳中岩石的发热量，是不够抵消地球失掉的热量的。那么，只有使用地球固有的热量来代偿不够消耗的数额，或者在地球内部不断发生发热的变化，来补偿消耗，才能保持地球表面的温度，不至于不断下降。换句话说，在地热潜在储量的问题上，要地球“吃老本”，才能保持它的表面温度。这样一来，就会导致到一定的时候，地球会开始趋于衰老。归根到底，地壳有不断加厚的趋势。

地球表面的热流量=地温梯度×岩石传热率。

地温向下如何增加，决定于近地面的地温梯度和岩石的传热率，而近地面的地温梯度与地表温度有密切的联系，岩石的传热率基本上是不会变的，所以，如若地球表面温度没有显著的变化，地球表面的热流量也不会有显著的变化。然而事实上，地球表面的平均温度有变化，虽然变化不大，一般认为这种变化，主要是由太阳的辐射热决定的。

【解释说明】
解释地球表面温度变化和地表热流量变化的关系。

根据上述情况，我们可以说地球是一个庞大的热库，有源源不断的热流。

地热与地温是有密切关系的。地下的等温面一般不是平面，而是随地区和地带起伏不同，同时等温面之间的间隔也是各处不等。在等温面隆起的地方，间隔较小的地方，可以说是热异常区。这种热异常区的存在，是比较普遍的，但是直到现在还没有开展普遍的调查。在这种热异常区，取出地下储藏的热能是比较容易的。事实上，我们在钻井中已经遇到大量的热水向外涌出的现象，热水的温度从四五十度到一百多度不等，这样，从地下取出热水并不限于热异常区，在其他必要的地区，也可以同样进行勘测和开发。从地下冒出的热水，往往还含有有用的物质，如若能够有计划地加以调查研究，在适当的地点加以开发和综合利用，对祖国的社会主义建设，肯定有很大的好处。同时，在这一方面的工作，我们将会站在世界的最前列。

【铺垫】
指出这种热异常区的普遍性和易开发性，为下文做铺垫。

【叙述】
指出开发地热是可行的，且大有好处。

【摘自《天文·地质·古生物资料摘要(初稿)》第六部分《地壳的概念》,题目为编者所加。】

【名师点拨】

作者以列数字的方法向读者说明地壳每年产出的热量,并说明了影响地球表面的热流量的因素。通过作者的解释,我们可以了解到地球是一个庞大的热库,且这种能源是可供人们使用的。

【回味思考】

1.地壳的上层主要由什么组成?

2.地球表面的热流量与哪些因素有关?

地震与地震波

名师导读

人们目前对地震的了解并不多，但根据地震波的种种特点，地质学家们总结出了一定的规律。通过这些规律，地质学家们可以测量地壳的平均厚度。

地震的震中，绝大部分深度不大，但也有少数地震是从地球深部发动的。每一次地震都发出三种不同的地震波：第一种是纵波，又叫疏密波，它传播的方向和受震动的物质摆动的方向是一致的，好像音波一样；第二种是横波，又名扭动波，物质受这种波动而发生的摆动，并不与波动传播的方向一致，好像拿一条绳子让它摆动时，绳子各点摆动的方向和波动前进的方向是不一致的；第三种是表面波，这种波又分为两种，在此无须详述，它们仅仅在地面传播，当地震发生时，这种表面波破坏力较大。这三种波动传播的速率都不等，纵波最快，横波较慢，跟着来的就是表面波。所以，在离震中稍远的地方，它们到达的时间不同，因此从纵波和横波到达的时差，可以计算接收这两种波动的地点到震中的距离。

【叙述说明】对地震发出的三种地震波加以说明，为下文做铺垫。

【叙述说明】对计算接受地震波的地点到震中的距离的方法加以说明。

弹性物质传播这两种波的速度，与它们物质的密度（比重）和某些弹性系数各有一定的关系。它们都是与传播物质的密度（比重）的平方根成反比例。因此，从地震波传播的速度，可以推测传播它的物质的密度。

以上这些事实，经过无数次实践的经验完全得到了证实，从理论上也可以得到证明。

另外，根据实践的经验，我们知道，固体既可以传播纵波，又能传播横波，而液体只能传播纵波，不能传播横波。

【叙述】指出固体和液体在地震中地震波传播的差异。

地震波传播的速度，在地球上各处看来稍有不同。从事地震工作的人们所提出的数据，也不完全一致，同一个人在不同时间提出的数据也不完全一致。不过，总的说来，只是大同小异。

另外有人认为，最上一层大约10千米～15千米，纵波传播速度大约每秒5.6千米，横波传播速度约每秒3.2千米，其下有不甚显著的不连续面，这个不连续面下的一层的厚度与上层大致相等，其传播速度是每秒6.2千米。深度45千米左右，传播速度突然增加，不连续情况极为显著。

地球内部分层结构

分　层	深度（半　径）（千　米）	纵波（P）速度（千米／秒）	密　度（克／立方厘米）	压　力（大致相当于大气压）
地　壳（大　陆）	海平面（6371）	5.5	2.7 2.8 2.9	
莫霍不连续面	33（6338）			9000
地幔 上部地幔		7.9—8.1	3.32	
	50 250 }低速地带	7.8 8.1		
	413—（5958）	8.97	3.64	140000
	720（最深地震）			270000
	984—（5387）	11.42	4.64	382000
下部地幔		13.64	5.66	
古登堡不连续面	2898（3473）			1368000
地核 外核心	速度降低	8.10	9.71	
	4703—（1667）		11.76	3180000
过渡层		10.31		
	5154—（1216）		大约14	大约3300000
内核心	6371（中心）	11.23	大约16	大约3600000

从上列数据，可以看出：

（1）地震波在地球中传播的速度，一般越到深处越大。

（2）速度不是均匀增加的，而是达到某些深度时突然增大，达到核心表面又明显地减少。在那些深度，构成地球物质的性质显然有所变化，一般越深越重。

（3）这种突然变化及不连续的现象，标志着地球内部可以划分为若干个同心的球形圈，其中，最上一圈的厚度，一般认为是33千米～45千米，但有的地方较厚，如青藏高原达到60千米以上，而另外有些地方，厚度较薄，最薄的地方不到30千米，个别地区更薄。这个最上的一圈，就是地壳。

(4)所有不连续面中,有两个不连续面特别值得注意:一个不连续面,有时称为莫霍面;另一个是深度在2898千米的不连续面,有时称为古登堡不连续面。这个不连续面以上,直到地壳的底部之间的球形圈,统称为地幔。地幔以下的部分,统称为地球核心。

(5)到现在为止,还没有得到横波穿过地球核心的可靠记录。

(6)在2898千米的不连续面以下,地球核心各圈的密度虽然增加很快,但传播纵波的速度,反而比在地幔下部传播的速度显著下降。

如若把地震波传播的速度和前文中酸性岩和基性岩,即硅铝层和硅镁层的分布情况结合起来考虑,似乎硅铝层和硅镁层或硅镁层的上部,都应属于地壳的组成部分。这样,就可以说,地壳的厚度,除了某些大洋或大洋中某些区域以及大陆上某些区域以外,大致可以认为,平均厚度约为30千米~40千米。这个数字,同地热方面推测的数字大致符合。

【总结】

总结上文内容,得出地壳的平均厚度的大概数据。

【本文节选自《天文·地质·古生物资料摘要(初稿)·地壳的概念》中的第三部分《地震波穿过地球各层的速度》,题目为编者所加。】

【名师点拨】

地质学家们将地震波分类,并通过收集数据总结出它们的大致规律,以此为基础对地壳进行一系列的考量。分析地震不仅能有效减少地震带来的伤害,还能借此探索地壳深处的奥秘。

【回味思考】

1.地震会发出哪几种地震波?

2.液体能传播哪几种地震波?

浅说地震

名师导读

古往今来，地震给人类社会造成了无数悲剧。那么，地震的发生是由什么原因引起的呢？科研工作者又是否能预报地震的发生呢？让我们一起来了解一下。

【设置悬念】开篇设置悬念，调动读者的阅读兴趣，引出下文。

地震能不能预报？有人认为，地震是不能预报的，如果这样，我们做工作就没有意义了。这个看法是错误的。地震是可以预报的。因为，地震不是发生在天空或某一个星球上，而是发生在我们这个地球上，绝大多数发生在地壳里。一年全球大约发生地震500万次，其中95%是浅震，一般在地下5千米～20千米。虽然每隔几秒钟就有一次地震或同时有几次，但从历史的记录看，破坏性大以致带有毁灭性的地震，并不是在地球上平均分布的，而是在地壳中某些地带集中分布。震源位置，绝大多数在某些地质构造带上，特别是在断裂带上。这些都是可以直接见到或感到的现象，也是大家所熟悉的事实。

【叙述说明】指出地震较为频繁的位置，说明地震有集中分布的特点。

可见，地震是与地质构造有密切关系的。地震，就是现今地壳运动的一种表现，也就是现代构造变动急剧地带所发生的破坏活动。这一点，历史资料可以证明，现今的地震活动也是这样。

地震与任何事物一样，它的发生不是偶然的，而是有一个过程。近年来，特别是从邢台地震工作的实践经验看，不管地震发生的根本原因是什么，不管哪一种或哪几种物理现象，对某一次地震的发生起了主导作用，它总是要把它的能量转化为机械能，才能够发动震动。关键之点，在于地震之所以发生，可以肯定是由于地下岩层在一

【知识拓展】**机械能**：我们把动能、重力势能和弹性势能统称为机械能。

定部位突然破裂。岩层之所以破裂又必然有一股力量(机械的力量)在那里不断加强,直到超过了岩石在那里的对抗强度。而那股力量的加强,又必然有个积累的过程,问题就在这里。逐渐强化的那股地应力,可以按上述情况积累起来,通过破裂引起地震;也可以由于当地岩层结构软弱或者沿着已经存在的断裂,产生相应的蠕动;或者由于当地地块产生大面积、小幅度的升降或平移。在后两种情况下,积累的能量,可能逐渐释放了,那就不一定有有感地震发生。因此,可以说,在地震发生以前,在有关的地应力场中必然有个加强的过程,但应力加强,不一定都是发生地震的前兆,这主要是由当地地质条件来决定的。

【叙述说明】

对地震发生的关键点加以说明,为下文做铺垫。

【知识拓展】

地应力:应力是指物体由于外因或内在缺陷而产生形变时,在它内部任一截面单位面积上两方的相互作用力。地应力即由于地质构造运动等原因而存在于地壳的应力。

【叙述说明】说明预报地震的条件，关键在于抓住地震前地应力场的变化过程。

不管那一股力量是怎样引起的，它总离不开这个过程。这个过程的长短，我们现在还不知道，还有待在实践中探索，但我们可以说，这个变化是在破裂以前，而不是在它以后。因此，如果能抓住地震发生前的这个变化过程，是可以预报地震的。

【叙述】介绍地震发生的原因和过程，语言简洁，描述清楚明了。

可见，地震是由于地壳运动这个内因产生的。当然，也有外因，但不是起决定性作用的。所以，主要还是研究地球内部，具体地说，就是研究地壳的运动。在我看来，推动这种运动的力量，在岩石具有弹性的范围内，它会在一定的过程中逐步加强，以至于在构造比较脆弱的处所发生破坏，引起震动。这就是地震发生的原因和过程。解决地震预报的主要矛盾，看来就在这里。

这样，抓住地壳构造活动的地带，用不同的方法去测定这种力量集中、强化乃至释放的过程，并进一步从不同的途径去探索掀起这股力量的各种原因，是我们当前探索地震预报的主要任务。

【举例子】以瑞典人哈斯特的试验为例，说明地应力确实存在，且作用方向是水平的。

地应力存不存在？我们一次又一次，在不同地点，通过解除地应力的办法，变革了地应力对岩石的作用的现实状况，不但直接地认识了地应力的存在和变化，而且证实了主应力，即最大主应力以及它作用的方向，处处是水平的或接近水平的。从试验结果看，地应力是客观存在的，这一点不用怀疑。瑞典人哈斯特，他在一个砷矿的矿柱上做过试验，在某一特定点上的应力值，原来以为是垂直方向的应力大，后来证实水平方向应力比垂直方向的应力大500多倍，甚至有的大到1000倍。

构造地震之所以发生，主要是在于地壳构造运动。这种运动在岩层中所引起的地应力与岩层之间的矛盾，它们既对立又统一。地震就是这一矛盾激化所引起的结果。因此，研究地应力的变化、加强到突变的过程是解决地震预报的关键。抓不住地应力变化的过程，就很难预言地震是否会发生。

【《浅说地震》一文节选自《论地震》中的《地震是可以

预报的》,地质出版社,1977年4月,第1—8页。我国是一个多地震的国家,地震现象较为普遍。李四光一直很重视地震预测预报工作,1953年他兼任中国科学院地震工作委员会主任,1955年专门论述了中国西北部活动性构造体系与地震带分布的关系,特别是1966年邢台发生了强烈地震后,他极为焦虑。1969年渤海发生地震,他不顾80岁高龄、身患危症,为保卫京津地区的安全,多次跋山涉水,深入房山、延庆、密云、三河等地区,调查地震地质现象,分析研究观察资料。在李四光生命的最后几年里,他尽了最大的力量来研究地震预测预报,他提出的一些思路和方法,已为地震预测预报工作指明了方向,奠定了基础。】

【名师点拨】

作者在本文中给出了答案——地震是可以预报的,关键在于抓住地应力的变化、加强到突变的过程。然而就目前的科技水平来看,即便知道了预报地震的条件,也无法抓住该条件,结果还是无法准确地预报地震。

【回味思考】

1.想要预报地震就必须抓住什么关键点?

2.地应力的作用方向是怎样的?

燃料的问题

名师导读

目前人类社会的燃料种类十分有限，大家都清楚有限的资源不能随意挥霍，但资源紧缺的问题还是日渐暴露了出来。这些资源还能供人们使用多久呢？

【对比】对比人类原始社会和今时今日，突出燃料对人类发展起到的重要作用。

【总结】以总结性的语句，指出物质文明与燃料的紧密关系。

自从人类知道用火以后，维持日常生活最重要的物质，除了食物，恐怕要算燃料。地文化幼稚的时代，所谓燃料，只是树木草卉；燃料的用途，大部分也不过烧一烧食物。到了物质文明发达的今日，无论燃料的种类或用途，花样可多了。试想我们日常穿的、用的东西，有多少不是直接或间接靠火力造成的？试想这世界上有多少地方，假使冬天不生火，还可以居住的？从香水、肥皂到飞机大炮，我们能举出多少件东西与燃料绝对没有关系？是的，什么叫作物质文明，它简直就是燃料里烧出来的。

这一件日常生活的必需物，这一种物质文明的老祖宗，早已成了世界上攘夺的目标，国际政策影射的焦点。法国人一定要抓住鲁尔可以说完全是为这样东西。日本人拼命掠夺我们的东三省，并且还要垂涎山东山西，一部分的缘故，也在这里。燃料的问题，既是如此的重大，我们当此准备建设的时期，当应有充分的考虑。

【叙述】从形式上和实质上来归纳燃料的种类。

燃料的种类很多。现今通用的，就形式上说，有固质、液质、气质三项的区别；就实质上说，不过木材、煤炭、煤油三大宗。其余火酒、草、粪（中国北方就有地方烧粪）等类，比较起来，毕竟分量很少，用途也极狭隘。实际上算不算燃料，都没有多大的关系。

现今中国的工业，说好一点儿，不过刚刚萌芽。所需要

的燃料，大部分都是供家常的消耗。所谓家常的消耗，大部分就是烧菜、煮饭、点灯而已。这一类的消耗，看起来是很小的事。然而那无数的贫民，为了这一类的事，已经劳苦万状，有时候竟求之不得。过去人们把他们需要的东西，按紧急的程度，分了一个次序，叫作柴米油盐酱醋茶。他们偏偏要把柴搁在头一位，这是不是说柴有时候比米还重要呢！除了大荒年的时候，有钱总买得着米，然而在特别的地方，有钱竟买不着柴。米荒有人注意，柴荒却从来没有人过问。这种奇怪的习惯，犹如有了厨房，不管茅厕一样。

【类比】

将两种现象进行类比，诙谐有趣，便于读者理解。

刚才说在特别的地方有钱买不着柴，其实我们要到乡下去看一看，就知道那样的事情并不是很特别的。现在全国的矿业还是如此的幼稚，交通又是如此的不便。乡下人所用的柴，恐怕99%还不只是柴草。一生居住在都市的人们，也许不明白个中的实情，像我们乡下的穷人，才知道什么叫作"一粒的艰难，一草的辛苦"。费了九牛二虎之力，弄出两斗黄米，几升黑面，要是没法儿烧熟，叫我们怎样好吃得下去。

然则要救济柴荒，有什么办法？一言以蔽之，曰造森林。森林的培植，当然不仅为了供给燃料，要制造木材原料，要护山陵的崩泻，防止河流的淤塞，造就优美的风景，都非借森林的力量不可。在北方广漠的地方，如果能造成巨大的森林，是否能影响降雨量，也是说不定的事。

森林的利益，谁都知道，用不着多说闲话。现在的问题是用什么方法大规模地造林。更紧要的问题是：种了树以后如何培植，如何保护。这是政府的责任？否，是政府应该请专家担负的责任。奖励造林，保护森林的法令，固然不可少；怎样造林，造什么林等技术方面的问题，也得及早研究。力大吹不响喇叭，石灰坑里养不活水仙花。不知道土壤的性质，不知道植物的特性，不管害虫的繁殖，不管植物生长的生态(Ecologie)，瞎干，蛮干，即使花上十年八十年，也不会得着什么结果。

【叙述说明】

说明植树造林不能盲目，要结合科学的方法和技术。

说起家用的燃料，我们便说到森林。其实今天最重要

【叙述】
强调煤炭资源有限，不能随便糟蹋。向读者说明了煤炭资源的珍贵性。

【叙述】
美国作为发达国家，资源还比我国丰富，更加突出我国矿产资源的匮乏。

【知识拓展】
①指现在的北京市、天津市和河北省大部分地区。②奉天即辽宁省，奉天市指现在的沈阳市。③中国旧行政区划的省份之一，位于目前河北省、辽宁省和内蒙古自治区交界地带。④察哈尔，中国旧行政区划的省份之一，现在指河北张家口市、山西大同市一带。绥远，现在位于内蒙古自治区中部。

的燃料，还是煤炭和煤油。

现今这个时代，还是煤铁时代。制造物质文明的原动力，最大部分就是出在煤身上。那么，要想看中国工业将来的发展，第一步恐怕就得考虑中国究竟有多少煤存在地下。煤不是能生长的东西，用了就没有了。如果我们想保护将来的工业，绝不可把我们大好的煤田随便糟蹋了。开煤矿是比较轻而易举的事，只要运输上有了办法，不愁它没有市场。所以假使我们要想从工业方面，实施中山先生的民生主义，头一件事，恐怕就免不掉建设铁路，开发几个大的煤田。英国的工业发达史，已经给我们一个很好的例证。

因为中国的矿业，还不发达；又因为中国的矿产，还没有详细的调查（近年来，虽然北京地质调查所有了相当的调查结果，大部分的人还不曾知道），一班人还在那里做梦，以为中国“地大物博”，矿产是取之不尽，用之不竭的。实际上讲起来，中国的金属矿产，除了特种的矿物（如锑、钨等类）外，并不能算丰富，和美国相比，那是差多了。唯有煤矿，无论就质的方面说，还是就量的方面说，总算不错。就质的方面说：中国的无烟煤，差不多要占中国总煤量的四分之一，烟煤要占四分之三。就量的方面说：我们现在虽然不能说出一个很精确的数目，然而也曾有人估计一个大概。据1921年，北京地质调查所的报告，各省地下储煤的总量，以一兆吨为单位，大致如下：

直隶①	2370
奉天②	985
热河③	930
察哈尔绥远④	460
山西	5830
河南	1765
山东	685
安徽	205

江苏	190
江西	815
浙江	12
湖北	13
湖南	1600
四川	1500
陕西	1000
甘肃	1000
黑龙江	160
吉林	160
云南	1200
贵州	1300
福建	150
广西	500
广东	300
总计	23130 兆吨

以上的估计,未免失之太谨。要是宽一点儿计算,也许总数可以增一倍,那就是说中国储煤的总量,打宽一点儿,大概有 45000 兆吨。平常看起来,这个数目,可算得不小。在工业还没有萌芽的今日的中国,每年消费的煤量不过 20 兆吨左右,这些煤已经够我们用几千年。可是要和美国的总储煤量比较,全中国的储煤量,不过抵当其四分之一!这是许多人做梦都想不到的事。我们的工业发达起来的时候,煤的消费量自然也要增加。再过两三代人,中国最大的矿产——煤——难免不发生问题。然而产生问题,那是将来的事。现在的问题,是如何爱惜它,如何利用它。

【对比】
将我国的总储煤量和美国进行对比,突出我国煤炭资源的极度匮乏,引人深思。

在前面的数据中，我们有几件事应该注意：北方的煤量，比南方差不多多一倍。山西一省的煤量，差不多要占北方各省总量的三分之一。山西煤最好的出路是青岛。那么，就明白了，为什么日本人要和军阀勾结侵略山东，觊觎山西。

【叙述说明】
指出煤价的地域性差异，为下文铺垫。

在采煤的当地，比如山西的大同阳泉、河南的六河沟，一吨煤不过值两三元。但在上海、汉口等处，一吨煤有时涨到二三十元，平常也要十几元。这完全是运输不便的缘故。采煤事业，既然是比较轻而易举的，靠得住的有利的实业，将来铁路的布置，就应该以开发几个主要的煤田为计划中的一件重要的事项。

【叙述】
作者提出设立专门研究煤的机关，可见作者对煤炭资源的重视。

煤的用途很多，里面的副产物都很贵重。假定以前所说的话是对的，假定在我们发展工业的计划中，采煤是应先举办的事业，当此准备建设的时期，我们对于全国的煤，就应该有一番彻底的调查和研究。如果来得及，设立一个专门研究煤的机关，纯粹从科学方面着手，也未尝不可。那样一来，全国各大学各专门学校一部分的毕业生，还愁没有事干吗？何必要请学化学的去做此事呢？

以上是关于煤方面的话题。摩托发明之后，世界上燃料的需要发生了新花样，摩托需用液质的燃料。航空事业的骤然发展和海军设备更新以后，摩托的总马力数也骤然增加。如是弱小民族所有的油田，又成了国际政治上一个重要的争点。英国人死命地想抓住波斯的巴库，向来不关轻重的加利西亚，现在大家都往那里鼓眼挥拳，就是为了这个玩意儿。

【知识拓展】
自流井：指在有利的地形条件下，即地面低于承压水位时，承压水会涌出地表而形成自流井。

【知识拓展】
尺：长度单位，也叫市尺。10寸等于1尺，10尺等于1丈。1市尺合0.33米。

中国的油田，到现在还没有好好地研究。我们只听说陕西的延长和四川的自流井一带，有若干油田或盐井油，但是出量颇不见佳。虽然1914年的时候，美孚油行在陕北的延长、肤施（现延安市）、中部三县钻了7口3000尺以下的深井，然而结果并不甚好，他们花了300万元，干脆地走开了。但是美孚的失败，并不能证明中国没有油田可办。就道路的传说，从新疆北部的乌苏、绥来（现玛纳斯

县)、迪化(现乌鲁木齐)、塔城一直到甘肃的玉门、敦煌镇等处都有出油的模样。

中国西北方出油的希望虽然最大,然而还有许多其他地方并非没有希望。热河据说也有油苗,四川的大平原也值得好好地研究,和“四川赤盆”地质上类似的地域也不少,都值做得一番考察。不过油田的研究,到一定的步骤,非花一宗大资去钻探不可,在一贫如洗的中国,现在要像美孚那样,花掉两三百万不算一回事,恐怕没有一家私人的营业敢说那一句话。那么,这种的事业只好用国家的力量去干。

有一种石头,名叫含油页岩。这种石头,经过破坏蒸馏以后,也可取出一些油质。现今世界上因为煤油的需求量加大,而攒油的供给有限,有若干地方已经开采这种含油页岩,拉它来蒸馏。日本人过去在抚顺就是用他们海军的力量去干这件事。在中国其他的地方,是不是出产此种岩石,这是要请教中国地质学家的。

【叙述】
不惜开采含油页岩进行蒸馏取油,煤油的重要地位显而易见。

总而言之,燃料的问题,无论在日常生计上,还是大规模的工业上,都是再紧要不过的问题。我们不说建设就罢了,要讲到建设,对于这一件劈头的问题,马上就得想法子解决。到了世界上的煤和煤油用尽了的时候,科学家也许会利用原子以内的能力,也许会直接利用太阳的热能,也许有其他的方法代替燃料。不过在现在这个时期,在今日的中国,说那一类的话,还早着呢。

【总结】
总结目前煤油资源的现状,指出不能对新能源抱有太大期望,应该珍惜现有资源。

【名师点拨】

可供人类使用的燃料种类有限，作者首先强调了这些资源直接关系到人们的生活和国家的发展，让读者认识到了燃料的重要性。虽说科学家们一直在发掘新能源，可是否能找到，又是否能适用还未可知，当下我们能做的就是从日常生活做起，合理利用煤炭资源，做到不浪费。

【回味思考】

1.植树造林的活动怎样进行才合适？

2.怎么从含油页岩中提取煤油？

现代繁华与炭

名师导读

自工业革命起，世界开始朝着现代社会迈进，而推动社会向前发展的大功臣就是煤炭。大家所知道的运用热力驱动的器具中，大多与煤炭脱不开干系。

一、欧美“文化”的曲子

诸位同学，前天有几个朋友邀我到这里来讲演。我一想，这倒是极有趣味，也是极不容易的一件事。我有什么把握，可以在诸位面前大言不惭地讲经说法？今天时间不多，本不容说闲话。但是我们看世界上有许多人把世界上的事往往平常看过。甚至讲到学术，大家也就不知不觉守一种人云亦云的态度。人类进步甚慢的大原因，恐怕就在这里。我们倘若想脱离这种积习，这种束缚，不可不先存一种气概。诸位苦心志，劳筋骨，到欧洲来求学，自然是抱着一种气概，这令人佩服。但是我所说的气概，与这个意义有点儿不同。我的用意，是要我们互相勉励，互相警诫，凡遇着新境象、新学说，切不可为它所支配，为它所奴隶。我们还要分析它，看它究竟是怎么一回事。既到学术场中，心只管细，胆只管大，拿着主脑（思想的法则——Logique）。就是那纷繁错乱的世界，天经地义的学说，都不能吓倒我们。从前在中国有人问孔，就斥为异端。现在讲学，没有这回事情，诸位尽可放心。即使这样，我们万不可故意与人家辩驳，与人家捣乱；或者逞一己的偏见，固执自豪；或者好作奇谈，沽名钓誉。那种狂谬的行为，非独不是勇猛精进的正道，而实在是一种精神病，已远出

【叙述】点明作者参加这场演讲的起因，表达了自己谦逊的态度。

【叙述说明】说明自己的用意，强调面对新知识积极主动的心态。

【叙述】指出真正的讲学精神应该是以真理为奋斗目标。

自由讲学的正轨。真正讲学的精神，大概用一句话可以概括，那就是为真理奋斗。

我方才含糊地说了新境象三个字。什么叫作新境象？从实地看来，我们现在所处的境遇，可算得是一个新境象。这境象与我们朝夕不离。所以我们切不可被它所蒙昧，我们应该冷眼观察它，并且详细地分析它。我曾听得许多人讲，我们中国人初到欧洲的时期，大概不免为这边的“物质文明”所牵动。中国人大半都说中国所缺的也就是这个“物质文明”。然则什么叫作文明？什么东西是造成这种“物质文明”最紧要的原料？今天我原来是想同诸位讨论第二个问题。但是第二个问题牵涉第一个。所以对于第一个问题也不能不约略地讲几句。

【设置悬念】吸引读者注意力，调动读者好奇心，引出下文。

诸位都知道“物质文明”这四个字，在中国是一个新名词。讲点儿新学的人没有几个不把它当作一个口头禅用。至若说到这个名词所包括的东西，我想没有两个人意见完全相同。倘若一定要追求它的意义，大家不过糊糊涂涂地说那轮船、火车、飞机、大炮之类，就是“物质文明”的器具。这些器具动起来的时候，就成了一种“物质文明”的表现。我想一般欧美人对于“物质文明”的观念也不过如是。或者有人要把人类社会的许多机关也加在“物质文明”里去。是否得当，我都不敢说。这样看来，“物质文明”这个名词，并没有一个一定不易的定义。

【叙述】指出一般欧美人理解中的“物质文明”，以供读者参考。

再进一层着想，物质两个字，是对精神两个字说的。既说有物质文明，当然可说有精神文明。然则精神文明与物质文明的区别是什么？有人说一切性情及意识的活动，都属于精神界，故感情及思想上的产物，如乐谱、著述之类，皆为精神文明的表现。试问这样情意的活动，能否超脱物质？又试问种种物质的东西及其活动，能否脱离无影无形的自然法则及生物的意识？我现在任怎样想，想不出一种绝对的是精神上的东西，并想不出一种绝对的是物质上的东西。

物理学家都认为宇宙之间，无处不有一种弹性完全的

【举例子】

以“以太”为例，说明可见的物质也可能与不可见的事物存在某种联系。

【知识拓展】

以太：古希腊哲学家所设想的一种媒介。17世纪时为解释光的传播及电磁和引力现象又重新提出。当时认为，光是一种机械弹性波，其传播媒介称为“以太”的弹性介质。

【设问】

吸引读者注意力，引发读者思考。

【叙述】

在题目上深入思考，表现了作者对学术严谨的态度。

东西，名叫“以太”（Aether）。某物理学家讲可见的物质，是以太中发生的不可见的事故。不可见的以太，倒是实在的一种东西。这是纯粹物理学上的问题。我们今天就是想讨论，也绝讨论不了的。现在姑且勿论物质究竟为何，精神物质两元的设想（Dualisme），总有许多地方想不通的。我们既不能决定精神的东西与物质的东西是否不即不离，又不敢遽然说它们是一种东西的两面。所以无由区别精神的文明与物质的文明。

说到文明，诸位还要许我讲几句闲话。我们初到巴黎来看这里的房子如此之大而且华丽，街道如此之宽而且清洁。天上飞的，地下跑的，瞬息万变。我们就吃了一惊。到了休息的日子，那大街上人山人海，衣冠文物，一齐都摆出来了，我们又吃了一惊。不独惊讶，而且心里不知不觉生一种钦慕之感，以为欧洲的文化实在比中国胜多了。过了几天，也觉得没有什么了不得的，以为欧洲的文明，不过如是。这两种感想，都有一点儿道理，但都是极粗浅浮泛的。仔细一想，就知道他们的文化的根源，另在一个地方。在什么地方？在他们的脑袋里。他们尊重逻辑（Logique），严守秩序，勇于对人对物的组织等情形。比中国那无法无天，混闹一顿，是有点儿不同，是文明些。如此说来，与其称现代欧美的文化为物质文明，不若称之为“广义机械的文明”。至若由这种抽象的机械所生的种种现象，如各样的建造以及各种熙熙攘攘的情形，最好是另用一个名词代表，我想无妨称它为“繁华”。

我原来想把今天讨论的题目叫作“物质文明与炭”。但是因为物质文明四个字的意义暧昧如前所述，所以不得已将题目改为现代繁华与炭。文明不文明，与我们今天没有关系。繁者对简而言，华者对实而言。由简趋繁，由实之华，仿佛是自然的趋势。枝节虽多，根本却是没有极大的变更。譬如有树，一入冬天，就枝叶零落，状如枯槁；但是春夏再至，茂盛蓬勃，又如去年。是可见树木繁华的状态，是一种生生不息的势力的表现。每遇有适宜的机会，

如气候温和、肥料充足等条件，它就发泄出来了，条件不对，它又收藏如故。

然则什么是助长现今人类繁华的最有利的条件？人类用种种方法以谋繁华，正如那草木常具生生不息的势力时时刻刻要求发展，这是人类自己的事，草木自己的事。如，若外面的机缘不适，情形不对，任它们怎样想发展也是发不出来、展不出来的。我方才说要同诸位讨论什么东西为造成物质文明最紧要的原料，倒不如说什么东西是现代繁华的最大的凭借。这个东西就是我们大家都知道的天然势力。天然势力的种类虽多，但是可以供人类役使的，至今我们只知有流行不已的热势力。人类所用的其余各样的天然势力，大概都是由热势力换来的。热势力为人类所做的事，实在不少。广而言之，如若没有热势力流行，地球上今天恐怕没有这种种生物，自然连人类也没有。但是与我们现在的问题相关的，并不是那广大无边的热势力，乃是集注于一地的热势力。在一定的地方集注的热势力愈大，它发展出来的时候，情形愈是激烈。所以人类活动的程度，造出的繁华，当然是与他所操纵的热势力集中的程度成比例的。我们现在可以举出几件事实，大家就知道我们现在的生活与这种集中的热势力是如何密切相关的。

【类比】
以草木生生不息作比，便于读者理解人类谋求繁华的趋势。

【知识拓展】
热势力：即热能。

【议论】
指出热势力与人类的繁华成正比。

试问我们这一座房子是什么东西造成的？最紧要的材料就是砖、瓦、木料、玻璃等项。砖、瓦、玻璃都是用火烧成的。木料是直接用犹如火一般的太阳送来的光线养成的。然则没有如是的激烈热势力，我们这个房子就住不成了。诸位同我是如何到这里来的？坐轮船、坐火车、坐电车来的。轮船、火车、电车如何能动？因为有一架或几架中央的热机关。我这一件衣服的原料是如何做成的？是机器织成的。机器因为什么旋转？我想后面必有一架热机推它。所以我们如若不会用或不能用集中的天然热势力，今天这回事恐怕不会发生。请诸位再到巴黎繁华场中看看，无论是事是物恐怕没有几件不是直接或间接由热力造出来的。然则这样激烈的热力是由什么地方来的？

【设问】
除了能引起读者注意外，还能引发读者思考，加强作者的思想情感。

极小一部分由煤油发生的，大部分是由煤炭发生的。

现在我们就要问世界上的煤炭是不是有限的？是不是可以生长的？若是有限，若是不能生长，到了世界煤炭用完的时期，或者就是有也极不容易开采的时期，我们是不是可以发现一种势力的储蓄物或一种势力的渊源来代替煤炭？这些问题就是我们今天的问题。

【叙述】
相较于煤油，煤炭对人类的帮助更大，人类更应该考虑煤炭的前景。

至若煤油有限极了，由地质学上考究起来，我们确知世界上的煤油远不及煤炭多。所以最要紧的问题还是在煤炭，不在煤油。现在内燃热机日盛一日。到了没有煤炭的日子，煤油一定早没有了。英国地质学家拉姆齐(A.C.Ramsay)早已警告英国人，他说如若英国每年消费煤炭的量将来不减，不过二三百年，英国三岛就没有炭可挖了。英国地下所藏的煤炭渐渐减少，工业渐渐困难的问题，杰文斯(W.S.Jevons)早已论过。难道只有英国这样，哪一个所谓文明的国度不是用许多人拼命地挖炭，只有中国还有许多煤厂，唯独没有用新法开采，并且没有一个详细的调查。所以我想今天借这个机会，把中国煤厂分布的情形，就我所知道的约略一述。

二、中国煤厂分布的情形

【解释说明】
这里只说地壳的原因，这反映了作者严谨的治学态度。

说到地下煤层分布的情形，我们已经侵入地质学的范围。诸位中有没有学过地质学的？所以现在最好是先把地壳构成的情况略谈一谈。为什么不说地球而说地壳？因为关于地球结壳以前的历史，我们还没有确切的知识。康德(Kant)早已说到这个问题但不完备。自法国有名的天文家拉普拉斯(Laplace)以星云(Nébuleuse)之说解释太阳系的由来以来，种种关于地球的由来的学说逐渐演出。论到枝枝节节，虽是众口纷纷，莫衷一是，而关于大概的情形，大家的意见似乎相同。地球的初期无所谓球，大约是一团气汁。历时既久，这气汁自然地渐渐冷缩。它的表面结成硬壳，高低不平。壳上的空气中所含的气渐渐冷凝为水，于是海陆划分，于是种种地质学上的现象也随之发生。地质学上所讲的地球史，顶古也不过是从那时候起。

【铺垫】
大致讲述地球的演变史，为下文做铺垫。

“地质学上的现象”这几个字非常令人费解。我们都知道那做文章的人常用“坚如磐石”“安如泰山”等成句。意若那磐石泰山是千古不变的。这个观念，根本地错了。仔细考察起来，我们就知道有许多天然的力来毁坏它们，推移它们。它们朝夕受冰霜凝解、热度变更的影响，渐渐疏解；又受种种化学的作用，渐渐腐坏；加以风雨的摧残，河流的冲击，无一时不受剥蚀，无一时不经历变迁，何安之有？那些已经被破坏的岩石，或为块砾，或为沙泥，散在地面。久而久之，都为雨水河流冲到湖海里去，一层一层地停积起来。据种种考察，现今海底停积物的成分粗细，与其所停积的地方有关系。在海滨停积的东西，大概以沙砾居多，离海滨愈远，沙砾愈少，泥质愈多。而在大洋底的停积物，往往为石灰质或矽质。这种石灰质或矽质，大都是海中的生物[有孔虫类（Foraminifera），放射虫（Radiolaria），硅藻（Diatome）等]的遗骸造成的。这样看来，地表变迁的现象可分三项：曰剥蚀，曰转运，曰停积。陆地常遭剥蚀，潮流河流或风力专司转运，海底常主停积，这三项现象，自然是有连带关系的。

【叙述说明】指出人们观念中的误区，让读者认识到地质始终在变化。

【知识拓展】**矽**：化学元素“硅”的旧称，矽质岩是硅质岩。沉积岩中以二氧化硅为主要成分的岩石叫作硅质岩。

还有许多现象是由地里发生的，最明显的就是火山爆发、地震、地裂等事。这些剧烈的现象，是人人都知道的，更有缓慢的现象不容易观察。比如，在海滨往往有古代人工所造的泊船码头，今日远出海面；又时有森林的遗迹，今日淹没于海湾。此类的事实，不一而足。这种事实何以发生？诸位想想。那自然是因为海面与陆地做一种相差的运动，或是不一致的运动。我们有许多另外的凭据证明这些变迁并不是因为海面的升降，然则必是因为陆地的起跌。所以我们知道这个地皮是动摇不定的。只因动得极慢，所以人都不知不觉。是的啊！就是我们现在的地方，自地球上有生物以来，不知道已经沧桑几变。

【举例子】以现实中的实际现象为例子，说明地质是在变化的，只是不易观察到。

以上所说的各种现象，都在地质学的范围里，都是经了许多的经验，许多的观察分别出来的，既非想象，又非学说，主使这些现象的力，现在就在运行。我们既知道这些

【设置悬念】
吸引读者注意力，调动读者好奇心，引出接下来的讲述。

现象的原原本本，再来由已知求未知，就现在推过去。这当然是考究地球历史的一个正当方法。但是过去的现象已经过去，我们有什么路径去寻它？我们因为能通一国的文字，所以能读一国的历史书，由那历史书上的种种记录，就得以知道那一国的历史。这件事含着两个紧要的条件：①先得要一部历史书。②那历史书中一页一页的图画文字要我们能懂的。现在我们已经有了一部大书，专写地球自结壳以来的历史。那书是什么？就是地壳。关于第一个条件，我们是已经满足了。但是说到第二个条件，就有种种的难题发生。地质学家关于地球的历史争来争去，说来说去，总离不了这些难题。想解决这些难题，我们不能不借用各种科学公共的根本法则。那就是相似的原因必发生相似的结果，时与地没有关系。这个大法则，可算得是科学家的上帝。假使我们把现今地面各处发生的地质或文学上的现象搜集起来，连贯起来，我们就不难定夺某某原因产生某某结果。北方冰川经过的地方（因），常有带痕迹的岩石（果）；河流经过的地方（因），常遗沙砾之类（果）；火山爆发的地方（因），常有喷出的岩片、岩灰或岩流等物（果）；气候炎热的地方（因），往往生长特别的动物植物，如鳄鱼、椰子之类（果）。过去地面及地壳里的种种变迁，也留下种种结果。变迁的情形现在虽不可见，而变迁的结果至少有一部分，幸而存在天然的博物馆中，记在天然的地质历史书中。如若前说的科学根本法则有效，我们应该可以准确推断现在因果相循之规律，按过去地面及地壳里所生长出种种结果的次序，追求过去地质现象继续的情形。如陵谷的变迁，海陆的转移，气候寒暑的更迭等事，都在能研究的范围以内。过去地面及地壳里所生出的种种结果是什么？那就是各样各层的岩石。这些岩石一层一层地倒在我们的脚下，正如那历史书一页一页地摆在我们的面前。

【比喻】
将这条法则比喻成上帝，突出其在科学界绝对的权威性。

【举例说明】
列举现实中的例子，说明地质变化有迹可循。

【叙述说明】
说明递积层的组成。因结构成分不同，递积层存在种种不同的岩石。

岩石可概分为三种：一曰沉积层，亦曰水成岩。这项岩石，是由粉细或块粒的物质一层一层地结合而成的。依其结构成分，定出种种名目，如石灰质的名叫石灰岩，与今日

大洋里的停积物类似。泥质而能分成薄层的名叫页岩，由沙砾固结而成的名曰砂岩、砾岩，这些与今日的浅海或浅水里的停积物相似。二曰凝结岩，亦名火成岩。这种岩石，大半都是由大小的晶片凑合而成的。与今日火山里喷出的岩流及冶炼炉中所出的渣子相类似，大概是极热的岩汁因冷却凝结而成的。三曰变质岩，前两项的岩石，有时一部分或全部变其原来的面目。如沉积岩与火成岩相接之处往往呈结晶之象；又如地球上有许多极古的岩石，其结构往往错杂不堪。时带条纹，仿佛是曾历大热或巨压。最有趣的就是那第一层岩石中，常有生物的遗痕、遗像或化石。地质学家统称这样的东西为化石（Fossile）。比方现在我们由巴黎这个地方挖下去，在接近表面的地层中所发现的化石，有许多种族还生存于今日的海中。愈到下面的地层中，奇形怪状的生物遗像愈多，与现今世界上生存的生物相似的愈少。据这种生物群变更的情形及地层构造的情形，地质学家把地壳的历史分作若干段。中国的历史中有三皇五帝、秦朝、汉朝、唐朝、明朝等时代的名目，地质历史中亦有许多时代的名目，这些名目之中有许多是全世界所公用的。现在我按着这些时代新古的次序，从上至下把它们的名目列举出来。

【知识拓展】

凝结岩：指岩浆冷却后地壳里喷出的岩浆或者被融化的现存岩石，成型的一种岩石。

【叙述说明】

对化石的结构特点及内部物质加以说明。

【类比】

用历史上的朝代做对比，便于读者理解地质历史中的时代。

新生代	第四纪
	新近纪
	古近纪
中生代	白垩纪
	侏罗纪
	三叠纪
古生代	二叠纪
	石炭纪
	泥盆纪
	志留纪
	奥陶纪
	寒武纪

自有地球以来，不知经过了若干亿年。我们现在确实知道的有两件要紧的事。

【叙述】

人类不曾发现寒武纪以前的化石，海洋生物的发展壮大是从堪步纪开始的。

第一是以前所列举的世纪都是很长很古的。就生物的变迁一端着想，我们就知道这句话是不错的。在寒武纪以前的岩层中，世界各地除北美洲几处外，迄今未曾发现确实无疑的化石。到了寒武纪的时候，各项海洋生物“忽然”繁殖。到志留纪的末叶，最初的有脊动物——鱼类始行出现。在二叠纪的时候，鸟类乃生。在中生代两栖类颇盛。在第三纪哺乳类散布全球。那哺乳类中最进步的猴类头脑渐渐进化，到了第三纪的末叶第四纪的初期，真正的人类——人科（Hominidae）才出现，在人类历史学家看来，古石期已经古不堪言。而在地质学家看来，人类初出现的那个时期，是最新最近的，如昨天一般。

【对比】

对比地质变化的历史，人类的历史显得太过短暂。

第二是每一纪有一段岩层为之代表。由理想判断，那些岩层，层位愈下的所属的时代当然愈古。然则何以高山之巅，如中国的泰山、秦岭、南山，往往露极古的岩石？谈到这个问题我们不能不考究地层的构造。诸位在山边海岸，想必曾见过露出的地层。那些地层，多半不是皱了折了，就是断了裂了，平平整整如一本书一页一页排列下去的是很少的。因为这样的情形，所以在实地勘察地质有许多难处。

现在我们把以前所说的话再来通盘一想，既然是一处的地层，可分作几段，各段中所含的生物的遗像及各段岩层的性质，往往绝不相同。然则这样的变迁是如何使然的？从前有一派学者说，这是因为过去的时代地面经了几次剧变，如洪水滔天之类，把当时的生物都扑灭了，好像中国每朝的末期，必定发生许多流贼杀人放火的事件。自英国莱尔（C. Lyell）唱“匀和（Uniformitarisme）之说”以来，大多数的地质学者都认为剧变之说欠妥，匀和之说较为得当。匀和之说：曰过去各时代的地质变迁，大都是渐渐的，并不是猝然的。过去地壳上变更的情形与现今我们所目睹的情形，无论就种类而论，或程度而论，大概没有许多

【叙述】

匀和说的理论强调地质变化有个极缓慢的变化过程，相较于剧变论要合理些。

不同的地方，这样的说法，有很多事实为之证明，但是也有一个限制。

地质学上的种种根本问题既已约略地点缀，现在可以上题说煤炭了。由岩石学上看来，煤炭是一种沉积岩。因为它一层一层地夹在砂岩、页岩或石灰岩之中，就其构造而论，与其余的沉积岩并没有大分别，其造成的原料是由古代植物来的。地球上各处的气候时时变更。各种植物每逢宜其生长的机会，它们就生长。气候愈适（如热湿等情况）生长愈盛且愈速。那些植物之中，自然有一部分还未到完全腐烂分解以前，被河流冲到湖沼海湾，埋没于泥沙之中。久而久之，全体炭化，成了我们今天所用的煤炭。有许多人以为煤炭在地下愈久，其质愈变纯净，这个观念是不对的。因为煤炭的成分大约是依原来的植物的种类为转移，比方烟煤永世不会变成无烟煤。照这样看来我们敢断言两件事：第一是地下的煤炭不能生长，也绝不会变更。第二是煤炭的生成需特别的气候，特别的情形，并需极长的时期。即令现在有生煤的机会，生煤的地方，待煤成了的日子，不知人类已经变成了一种什么怪物。

【解释说明】解释将煤炭归入递积岩之列的科学根据。

【举例说明】以烟煤为例，说明决定煤炭成分的是原来的植物的种类。

在中国共有五个地质时代造了煤炭，首先为泥盆纪，属于这个时代的煤层很少。据莫诺说，他曾在贵州西南方的兴义县附近见过。据我看来莫诺所获的化石，还不足以确定时代。所以他所说的泥盆纪煤层究竟是不是属地否纪还待考究。其次为多煤纪，这一纪前后所造的煤比其余各纪都多，世界各处的煤层也以这一纪所造的为最多。中国北方的煤炭除辽河流域的附近，山西大同、斋堂（现为北京市门头沟区）等地外大都属于此纪。扬子江中游、下游各省以及浙江、福建、广东各处所出的煤，一大部分是属于此纪的。然后为三叠纪，川东、云贵所出的煤多属于此纪。此后为侏罗纪，属于此纪的煤层见于大同、斋堂、四川及扬子江中下游数处。最后的造煤时代为第三纪，第三纪的煤炭仅见于东三省及云南蒙自等处。东北那有名的抚顺煤矿，就是最好的一个代表。

【叙述】指出世界各处的煤层多是诞生于多煤纪，这也是它的名称的由来。

【知识拓展】**侏罗纪**：介于三叠纪和白垩纪之间，约公元前1亿9960万年（误差值为60万年）到1亿4550万年（误差值为400万年）。

中国各省的煤矿，迄今还没有完全的调查。我们现在所知道的大都是由外国的矿业杂志或外国人在中国的地质调查记里得来的。以下所说的中国煤矿分配的情形，未免近于东鳞西爪、七零八落。数年前中国地质调查所的丁文江已着手调查。我们希望丁君不久就要把他调查的结果详细地报告出来。（后有删节）

三、将来利用天然势力的机会

【铺垫】

首先强调要想解决这个问题不切实际，为下文做铺垫。

这个题目太大，绝不是一口气可以说完的。现代的科学还在幼稚阶段，对于这个问题并没有一个落实的解决。所以我们在此所讨论的难免不是举一漏百。就所举的方法，究竟有多少价值，还是疑问。这也不必管它，因为我们今天的目的并不是求几个完全的解决。我们的目的，第

一是要使大家知道这个问题有研究的必要,第二要明白有些什么路径可以研究下去。

地球上流行的天然势力,就我们现在所知道的,从其由来着想,可分作几项:①源于天体的运转者;②源于原子的爆裂者;③由太阳送来的势力。这三项之中,似以第三项为最紧要。

先说第一项。地球每自转一周,海洋各处对于月球的地位,时时刻刻不同。每公转一周,对于太阳的地位,又时时刻刻不同。所以同一处的海水受日月的引力,时时不等,潮汐由是而生。但是月球距地球较太阳距地球近多了,引力的强弱是与两个物体相隔的距离的自乘成反比例的。所以潮汐的起落,与各处对于月球之地位相关较著。一年之中,有时月球引力之方向与太阳引力之方向相同,那个时候,潮汐起落之差最大。春潮之所以发生,就是因为那个道理。关于潮汐的起落,有一件事,往往为人所误解。那就是,许多人都以为仅仅地球距月球最近的那一面的海水,被月球吸起所以潮汐上升。殊不知正与月球相反的那一面也有潮汐上升。这是什么道理?要追究这个道理,我们不能不追究引力的法则。大家都知道两个物体间引力的强弱是与两个物体的质量为正比例,与其间之距离之自乘为反比例。

【解释说明】
对地球自然与潮汐的关系加以解释说明。

【知识拓展】
自乘:指同数相乘。

【叙述】
指出人们对潮汐的误解,让读者认识到与月球相反的那一面也有潮汐上升。

地球之各部分对于月球之地位不同,那就是两者之间距离不同。距离既不同,所以各部分所受之引力强弱不同。离月球愈远的部分,它所受的引力愈小。所以假若地球全体是水做成的,那么地球受了月球的引力,必然变成一个椭球。那个椭球的长轴,必然与月球所在之方向大概一致。但地球的全体并不是水做成的。陆地虽受月球的引力,却是昂然不拔;而海水为液体,不得不应月球所在之方向流来流去。所以潮汐之往来在海陆相接之地最显著。

【解释说明】
解释了潮汐在海陆相接处最为显著的原因。

潮汐之流动,就是一种动势力(Kinetic Energy)的表现。倘若在海峡海滨用适当的方法,设相宜的机关,这种潮流的势力,未始不可收拾储蓄,供人类的役使。这个机会,是略有一点儿科学知识的人都知道的。但是还没有一个实行的计划。这种研究，自然应落在水力工程学及土木工程学的范围里。

再说第二项。化学家经过了许多的试验，证明一切物质是由分子集合而成的。每一个分子，是由一种或数种原子以一定的数目，依一定的配置相依而成的。寻常所谓的化学变化，都不影响原子的构造。所以从化学上看来，原子可算得是不可复分的东西。但是近来物理化学家又发现了一种新物质以及与那种新物质相联的许多新现象。现今世界上的物理学家仿佛是以全力来攻这个新题目。我们应该知道一个大概。

【举例子】以现实中的材料为例，说明导体和绝缘体。

诸位想必知道各种物质之中，有一种能传电，亦有一种不能传电。比方五金之类以及许多的含盐类的液质都能传电。而玻璃、木料，寻常的干空气之类都不能传电。假使我们现在取一玻璃管（比方长一尺，直径一寸），管的两端紧闭，空气不能自由出入。再嵌一金类之小板于管之一端内，又嵌一金类之导线于他端内。试使小板之端与高压电机（如感应电机之类）之阴极、其他端与阳极联络，管中必无何等现象可睹。如若设法将管中的空气抽去一大部分，使管中剩余的气极为稀薄，再将高压的电流联络于管的两端，那时候的情形便不同了。由阴极的小板发出一种紫色的"光线"，其前进之路与板面成直角。如有固体硬塞于那紫色光的路中，那固体就显种种的光彩，并发大热。有名的X光线，就是这个阴极发射出来的东西途中碰着白金板而反射出来的光线。由阴极发射出来的东西并且显机械的作用。譬如置极轻之叶轮于管中，那叶轮就要被它冲动而旋转，如水冲水车，风推风车一般。最值得注意的，那就是阴极发射线受磁力的影响。如若横置磁石于发射线之旁，那发射线就变弯了，与阴电流受了磁场的影响所生的结果相同。发射线又能透过极薄之铝叶，足见得它并不是光线。就前面说的种种性质看来，我们不能不疑它是一点一点带阴电的物质，以极大的速率由阴极射出来

【细节描写】描写实验细节，引人思考，加深读者的印象。

【类比】以现实中较为常见的现象为例，帮助读者理解。

的。这个情形倘若是真的，我们不难用一种方法，求出那种带阴电的物质的质量与其所带之电量之比，以及其射出之速率等项。

诸位，我们所要讨论的问题是势力的问题。我方才为什么说了一顿原子的构造。这里有点儿缘由，并非单是因为那发射的势力是由原子以内发泄出来的，所以原子构造的问题与我们的问题有关系。实在是因为电子之说，无机物进化之说，近年来风动一时，我们中国的“旧派”对于一切新学说新理想的态度就是屏诸四夷，不闻不问。而所谓治新学者，往往为好奇心所鼓动，抓着新东西就要说，听着新学说就相信，似乎未免近于轻率。所以我现在勉强说了几项紧要的事实，以示那极玄妙的电子说是由极寻常的事实推出来的，最要紧的还是事实。那电子说成不成，还要待我们仔细地分析，什么为本，什么为末，万万不可弄错。

【解释说明】
解释前文中讲述原子构造的原因，引出下文。

第三项可分作三个细目说：

(1)由太阳的热所生的动势力，河流与气流都是这种势力的表现。地面的水受太阳的热，变为水蒸气，汽腾于空中，减其热度，变为雨雪，落在地面的高处，受地球的引力，不能停留，于是河流发生。所以地面各处的河流可视为天然热机的一部分。在中国河流甚激的地方，古代已有人建设水车，利用此项势力以灌溉田地，但利用之方未曾十分进步。在欧美利用水力之地也极多，以美国的尼亚加拉河(Niagara)及挪威等处最为著名。近闻瑞士也有大举利用水力转运电车的计划。中国高山大川不少，可设水力机关的地方必定很多。研究机械工程的人，正宜留心这个题目。

【知识拓展】
尼亚加拉河：全长约56千米，为美国纽约州与加拿大安大略省的界河。

【叙述】
根据我国的地势特点，谈谈自己的看法，体现了作者对祖国发展的热心。

空气的压力随时随地不匀。高压的气当然常往低压的地方走，所以生风。气压变更的原因极其复杂，我们今天没有工夫讨论。我们应知道的，第一是使空气流动的势力是由太阳来的。第二是风的势力可用风车等项机器弄到人类的手里来。但是风力时有时无，时强时弱，那是在人工操纵的范围以外。

(2)直接由太阳送来的热势力，由太阳送至地球的光热，一部分为空气所吸收，增其热度；一部分直达于地面。现今在热带的地方，如开罗(Cairo)附近已有热机，直接利用太阳传来的热。用一架甚大的凹镜先收集太阳传来的热力于一处（即凹镜之焦点），再用那集中的热力运转寻常的热机，如汽机之类。此项直接用太阳的热的热机，尚在极幼稚的时代。从机械工程学上看起来，还有许多研究的余地。

【举例子】
以开罗利用太阳能的方式为例，让读者了解太阳能如何被收集利用。

以上所说的各项势力，除第二项（即原子以内的势力）外，其流行也，或囿于地，或厄于时。欲其应人类随地随时之需，不能不想出各种方法来储蓄它，来收敛它，使它易于搬运，易于对付。我们现今已发明许多收敛、储蓄势力的方法。那些方法可分为两类：第一类，根据物质电离电合之性。蓄电池就是这类的东西，蓄电池中之物质，受外来电流之影响而生一种化学的变化。若撤去外来的电流，联络其两极，蓄电池就吐出电流，其中的物质渐变还原样。第二类，根据于热化学的原则。比方有两种物质化合而成第三种物质，倘若其化合时吸收若干热量，其分解成原来的两种物质时，亦必吐出相等的热量，以人工造燃料的原理就在这里。

【解释说明】
对蓄电池的工作原理加以解释说明，简洁生动。

将来制造燃料的方法进步，或者与碳化钙相类的东西渐渐就要出现。那些东西，就可借太阳直接送来的热势力，或风势力，或水势力造出来。换言之，我们就可把那厄于时，囿于地的自然势力抓在手里，随我们的意思去分配它。

(3)缘生物所积收的热势力，寻常的动植物，大都是离了太阳的光热就不能生活。那畏阳光的生物，如许多微菌之类，也要借种种有机的物质才能生活。那些有机的物质，大概是由受阳光而生长的动植物里出来的。就是那洋底深处的生物，虽直接受阳光的影响很少，但是我们没有凭据说它们的生活不间接受太阳的影响。地球上所有生

【叙述说明】
说明地球上的生物或直接、或间接都受到了阳光的影响。

物的生命，究竟与太阳里送来的势力有如何的关系，原来是一个很大的问题，现在姑且勿论。就我们日常的观察判断，太阳的光热与动植物的生命似乎有极密切的关系。所以我现在权且把缘生物所积收的热势力，也列在第三项势力的渊源里。

各种天然势力的储蓄物中，最先为人类所抓着的，不能不说是现代生存的各种植物。不分其种类，不分其成分，拿着就烧，那是利用这种势力储蓄物的最粗陋的方法。进一步，就是把植物的躯干变成木炭。木炭燃烧时所发出的热，自然是比等量的木材燃烧时所发出的热量较大而力较强。再进一步，就是用破坏蒸馏法，由木材里分出种种有用的东西。木材的成分随其种类不同，还有许多有用的东西，我们现在不必计较。与我们现在的问题最有关系的就是木炭与酒精。大抵软质的木料多含胶质而少酒精，硬质的木料与之相反。

【叙述】介绍人类从植物中获取天然势力的方式。

现今制造家蒸馏木材的目的，大半不在取木炭而在取其余的副产物如酒精、醋质之类。

低洼之地往往有腐烂的植物，如苔藓之属，与泥沙等质沉积于一处而成泥炭。湖沼之中往往有微生物。其体虽小而其生长繁殖异常之快。硅藻科（Diatomacae）、Perilinidac等族是这类生物中最可注意的。由海底、河底、湖底挖起来的泥土中，有时含一种物质与煤油（Cholesterol，Phytosterol）相似。那种物质，或许是由前面说的那一类的微生物酝酿出来的。倘若生物化学家再详加考察，探悉那些生物生长的习惯，我们未始不可想出方法来培植它们，用它们的体质做我们的燃料。

【举例子】列举能供人类利用的天然势力，具有现实意义。

【知识拓展】**煤油**：即石油。石油是由微体动物变质而成的化石燃料，Cholesterol 和 Phytosterol 都是氢化碳，石油是各种氢化碳的组合。

将来比较有希望的，就是直接由太阳送来的势力以及缘生物所积收的势力。在热带地方，当然可设许多的凹镜收集太阳的热，用太阳的热就可制造种种燃料，如碳化钙（CaC_2）之类。但是这两个办法也有许多难处。那太阳光线热线的强度，每日时时变更。因为这样的变更，供给的力量必不能匀，供给的力量不匀就不利于制

【叙述】
结合现实，指出用凹镜收集太阳能的弊端。

造。偶有云雨，机器就要停止，这也是大不方便的一件事。况且镜面须大，造镜的材料都是很贵的。说来说去，我们的希望还是落在生物身上，但是也不能不分孰轻孰重，煤炭一年一年减少。水中的微生物到底能不能为我们造出极多的燃料是一个问题，将来的答案难免不是一个否字。世界上人口日增，食料渐渐困难，用五谷之类制造燃料，恐怕将成问题。那么，最终的就是木材一项，世界上旷野之地充其量来培植森林，用尽科学的方法，将木材变为最经济的燃料，如造成酒精之类。到底能否代煤炭以供人类的要求，这个问题虽难解决，但是从木材生长的速率着想，我们很难抱乐观的态度。然则人类的繁华到了难以得到煤炭的时候，将要渐渐地凋零吗？抑或在煤炭犹未用尽以前人类生活的状态已经根本地变更了？

【设置悬念】
在文章最后设置悬念，给读者留下想象和思考空间。

【名师点拨】

作者以小标题的形式讲述了三个话题，层层递进，条理清晰。通过第一个话题，我们了解到现代繁华与碳之间紧密的联系，起码知道了碳对人类发展的巨大贡献；第二个话题结合我国国情，从实际角度出发，说明了我国的煤炭储量问题；最后一个话题作者展望将来，介绍了可能为人类所用的天然资源。结合起来看，人类目前的发展对煤炭的依赖性很强，在该资源耗尽之前势必要发掘新资源来维持社会发展。

【回味思考】

1.在作者看来，欧美人眼中的物质文明是什么？

2.我国古人是怎么利用水力的？

启蒙时代的地质论战

名师导读

mingshi daodu

前人种树，后人乘凉。现在我们学习到的地质知识是历代地质学家们探索而来的，在大家看来是常识的知识，但放在过去，却是众多地质学家们争论的焦点。一起来看看前人们种下的知识树吧！

地球是宇宙中一颗渺小的星体，是太阳系行星家族中一个壮年的成员，有丰富的多种物质，构成它外层的气、水、石三圈，对生命滋生和生物发展，具有其他行星所不及的特殊优越条件。

【拟人】将星球拟人化，使其更显亲切，增加了文章的生动性。

人类生活在地球上，在地球上从事生产劳动，要了解它的历史和现状，这是很自然的，也是有必要的。“地球上”这个词，从范围看，应该包括陆地、海洋和地球表面以下一定的深度，还有在我们地球表面以上的大气层。这层大气也是地球上部的组成部分，大气的底部，与人类的生活息息相关，与地球表面所发生的变化，在很大范围内有密切的联系。人类在改造自然、改善生活的过程中，一直在和地球的表层打交道。看来，有一种趋势，今后还要以更大的努力与大气层和地球深部不断地做斗争。关于大气层中各种问题的探索和解决，主要由气象工作者和天文工作者分别负责；地球表层和深部的探索工作，无疑属于地质工作的范围。

【叙述】说明人类发展至今仍无法解开地球上的许多奥秘。

人类通过在地球上从事生产劳动，逐步对地球有所认识，那些认识，最初总是感性的。为了突破“必然王国”的束缚，进入“自由王国”，就首先需要掌握在上述范围内自然界不断发展的规律，才好总结自己的经验，从而提高认识自然的水平。

【比喻】将人们的思想转变比喻成从一个王国进入另一个王国，生动有趣。

地质科学大体上是在这种要求的基础上发展起来的。历史的记载告诉我们，自古以来，就有些人注意到构成地球表面那些有形的东西，不是永远“安如泰山”“坚如磐石”，而是在不断发生变化。这在中国恐怕传说得最早，如中国的《神仙传·王远》中就提出过“东海三为桑田”。公元前500年在古希腊，哲罗芬就注意到现今海水里的螺、蚌等类，在莫尔他岛上夹在远远高出海面的崖石中。其他，如宋代（11—12世纪）的沈括、朱熹，意大利的达·芬奇（15—16世纪）对海陆的变化，都提出了比较具体的地质现象作证。所有这些，都是一些粗略的概念，而没有成为地质科学开始发展的基础。

【举例子】
以古人的发现为例，指出他们的发现只是粗略的概念。

近代地质学，可以说是从西北欧那个小天地之中开始发展起来的。当时当地极顽固的宗教势力，对自然科学，首先是地质科学，跟着就是生物进化论，是不共戴天的。尽管当时的宗教经过了一些改革，但那些宗教权威还是死死抱着一种传统的迷信来迷惑广大的人民群众，在意识形态上、在政治上巩固他们的统治地位。他们说，世界是公元前4004年，上帝用了6天的工夫一手创造出来的。而地质学家和古生物学家，发现了愈来愈多的事实，与上述宗教的迷信是格格不入的。不仅格格不入，而且科学家的观点是为宗教所不允许的。这样，就发生了科学，首先是地质学与宗教的一场你死我活的斗争。由于宗教势力在西方的封建主义和随后的资本主义世界中，有悠久的根深蒂固的传统，到了今天20世纪要结束的时候，在西方，宗教势力的影响并没有肃清。

【叙述】
指出科学家和宗教势力的矛盾的由来。

当地质学开始发展的时候，对地质现象进行探索的主要任务，都是立足在他们所见到的事实上而从事劳动，他们的大方向基本上是一致的。虽然，教会把他们这些人都看作是“异端”，把他们的话都当作“邪说”，而他们彼此之间，却因为观点不同，对同样的现象认识不一致，这就形成了“水成论”和“火成论”两大学派。

一、火成学派对水成学派的斗争

以德国人维尔纳为首的水成学派认为，地球生成的初期，其表面全部为“原始海洋”所掩盖。溶解在这个原始海洋中的矿物质逐渐沉淀，从这些溶解物中，最先分离出来的东西是一层很厚的花岗岩，它铺在表面起伏不平的地球“核心”部分上面，随后又沉积了一层一层的结晶岩石。维尔纳把这些结晶岩层和其下的花岗岩，称为“原始岩层”。他认为“原始岩层”是地球上最老的岩石。他又认为，由于后来海水一次又一次下降露出水面的、由原始岩石所形成的山头，经过侵蚀又形成了沉积岩层，他把这些沉积岩层称为“过渡层”。他认为，“过渡层”以上含有化石的地层，都是由“原始岩层”变相而产生的东西。他坚持其中所夹的玄武岩，是沉积物经过地下煤层发火而烧成的灰烬，不是岩流。1787年，冰岛（大西洋北部）炽热的玄武岩大量爆发，铺满大片地区，当时在西北欧，人们认为是轰动世界的大事。在这次大爆发发生20多年以前，得马列已经在法国中部一个采石场里，发现了黑色的典型玄武岩，他跟着这个玄武岩体一步步地追索，直到到达一个火山口。这一发现完全证明了玄武岩就是火山爆发出来的岩流。这个事实，给了水成论点以严重的打击。得马列通常不愿意和反对者争论，只是说：“你去看看吧。”然而，水成论者还是围绕着维尔纳，坚持他们的论点，始终认为玄武岩不是熔岩凝结而形成的，而是采用了其他不大合理的解释。

【叙述】
讲述以德国人维尔纳为首的水成学派的理论。

【叙述】
讲述历史上的重大事件，这一发现让水成论出现了漏洞。

维尔纳是当时最有威望的矿物学家。他亲身采集的矿物种类很多，鉴定分类工作也是一丝不苟。他对他的学生也非常认真、非常严格，可是他的性格是异常顽固的。他住在德国的萨克森地区，在一个小矿业学院里从事教学工作。他家境贫寒，没有资金到远处去看看，所以他所见到的地质现象仅限于萨克森地区的地质现象，对地质现象的解释，当然也受到了萨克森那个地区的限制。就萨克森

【叙述说明】
说明维尔纳的家庭条件，指出他的眼界受到了地区的限制。

地区来说，他的论点，大致也可以过得去。

以英国人赫顿为首的火成学派认为，由多种矿物结晶，包括石英所组成的花岗岩，不可能是矿物质在水溶液中结晶出来的产物，而是高温度的熔化物经过冷却而形成的结晶岩体。由于花岗岩在地球表面的岩石层中占基础的地位，所以花岗岩的生成问题就和地球上岩石的生成问题，也就是地球发展历史的问题，在很大的程度上是分不开的。火成论者进一步从这种花岗岩母体的边沿部分，找到了许多由它分出的结晶花岗岩脉插入周围的岩石之中，认为石英这一类矿物绝不可能溶在水中，怎么可能从水溶液中结晶出来呢？他们更进一步察觉了和花岗岩体或岩脉接触的岩层，往往很明显呈交错和焦灼的状态，这就更证明了高温熔岩侵入的作用。另外，火成学派经过仔细的察看，发现组成玄武岩的矿物颗粒，也大都是从熔化状态下受到冷却而结晶的产物。诸如此类的事实，对水成学派的论点都是不利的。

【叙述】
讲述以英国人赫顿为首的火成学派的理论。

赫顿这个人的性格比较温和，不像维尔纳那样顽固，没有做出像维尔纳那样公开顽强的表现，虽然他在内心对他那一派的观点是很坚定的，但在他的生前，人们很少注意到他所提出的问题。赫顿这一派受到的压力不仅来自水成学派，而且来自比水成学派更不利于宗教传统的信念，这就受到宗教很严酷的迫害。还有一个原因，就是赫顿学派转入了下一场激烈的斗争，即渐变论和灾变论的斗争。而宗教势力对渐变论的观点是痛心疾首的。

【叙述】
指出火成论派的压力的来源：一是水成论派，一是宗教。

从地质科学的发展历史来看，在这个发展初期的阶段，水成学派和火成学派都做出了一定的贡献，在近代科学萌芽的阶段，他们在不断的斗争中，陆续地把地质科学向前推进。

当时斗争的激烈情况，可以从下述故事得到一点儿印象。在苏格兰爱丁堡一个小山上的古城下，两派开了一次现场讨论会，彼此互相指责和咒骂达到了白热化的程度，结果用拳头互相殴打一场，才散了会。散会以后，在愈来

【举例子】
以两派学者互殴为例，突出两派在学术上的激烈冲突。

愈多有利于火成学派观点的事实面前，一时在地质学中占统治地位的水成学派内部逐渐瓦解，一向坚决支持维尔纳的门徒也一个个溜走了，最后以水成学派的完全失败而告终。这样，人们对地质现象的认识就大大地提升了一步。

二、渐变论对灾变论的斗争

以法国居维叶为首的灾变论学派认为，过去世界上一次又一次发生过灾难性的大变化，经过每一次灾变，世界的景象都会改变。例如过去有过洪水时期，在这个时期，洪水到处泛滥，山川原野和一切景物都改变了面貌，生物大批灭亡，经过这样一次毁灭性的变化以后，一个新的世界又重新出现。灾变论者指出，像公元79年毁灭意大利的庞贝和赫库兰尼姆那些巨大的繁荣城市，活活地把千千万万的人埋在横扫一切的岩流之下的灾难，当时在西欧广泛引起了极端的恐怖。灾变论者抓住这些事实，于是纷纷议论，说既然在意大利的一个地区现在有这样的事实发生，难道在全世界更古的时代，就没有发生过规模更大的火山爆发、白热岩流广泛流注，造成更可怕的灾难吗？如若灾变论者当时知道，在印度西部，大约在始新世时代，在中国西南部，石炭纪至二叠纪时代，地下突然有大量玄武岩迸出，范围之大远远超过了毁灭庞贝那一次的火山爆发。如若灾变论者当时知道，在人类已经出现的时期，在世界上不止一次出现了厚度达几百米乃至几千米的冰流，填满了山谷，覆盖着原野，形成一望无际的冰海，这个冷酷的景象，给人类和其他生物带来的灾难又是来得多么突然！多么可怕！我们今天追索地球上一切景物变化的过程，还可以代替灾变论举出其他不少毁灭性的变化来支持他们的观点。例如，在地层中我们往往发现古生物群忽然而来、忽然而去等。

【举例子】以洪水泛滥灭绝大批生物为例，让读者理解灾变论的大致理论。

【设置悬念】调动读者阅读兴趣，将读者的注意力引向下文。

另外，还值得提出的是，灾变论者指出了洪水为灾以致生物的大批死亡，这很接近圣经上所提的洪水为灾的故事，因而得到了宗教势力的支持。

【叙述说明】对灾变论得到宗教势力支持的原因加以说明。

灾变论者指出了地球上突然发生的巨大变化，这对人们认识自然现象有一定的激发作用；而他们片面地强调这些现象，好像大自然的变化是没有秩序、没有规律的，这又对人们认识自然所需要的科学态度无所启发。

渐变论的倡导者，实际上也是以赫顿为首的。在他和水成论做斗争的年代里，他愈来愈清楚地认识到地球的自然变化是极其缓慢的，现在是这样，过去也不外乎是这样的。赫顿认为，我们只能根据现在世界上发生的一切，来了解和追索过去发生的一切，他认为这是很现实的。什么世界时时受到超自然灾难的设想，对赫顿来说，简直是神秘不可思议的。他对于这一点的信心，最好是用他自己的语言表达出来，他说："推动自然现象除了对于地球是自然的力量以外，再没有别的力量可以适用，除了在原理上我们所知道的行动（指自然界）以外，再没有别的可以许可。"赫顿毫不含糊地指出，现在地面上的山谷原野，并不是一成不变的，而是逐渐消耗剥落成为泥沙、石子，被流水带到海里成层地积累起来，这些东西要是固结了就和陆上的岩层一样，积累是非常慢的。陆上那么厚的岩层应该代表多么长的时间！这就对地球的过去打开了几乎难以置信的漫长历史，这个漫长的地质历史时期，自然力流行，看来和今天没有什么不同。

【语言描写】引用赫顿的话，表现了赫顿对科学真理的执着精神。

赫顿的论点，在他生前虽然没有引起人们的注意，但到了他的晚年即18世纪的末叶，人们关于地层的知识一天比一天丰富起来了，因此灾变论也就不知不觉被渐变论代替了。特别是18世纪后期，英国的史密斯在他开掘运河的工作中，取得了大量有关地层的资料，运用化石划分地层、对比地层。根据化石的种类，不仅在西北欧那一小块地方建立了地层发展的程序，从而揭开了漫长的地质历史，而且这一方法的运用扩展到了世界的许多地区。

【叙述】赫顿的观点最终还是得到了人们的认可。

19世纪中叶，莱伊尔的名著《地质学原理》一书，总结了到他那个时代为止的经验，提出了"渐变论"这个名词。他把对矿物、岩石、地层、古生物等方面的研究，都纳入了

【叙述】
介绍莱伊尔的名著中较为重要的研究成果。

地质科学的领域。他第一次把维尔纳的“原始岩石”中的结晶岩层区分开来，称为变质岩类。“变质”这个词，明确地显示着一切变质岩类，都是由普通的沉积岩层经过高压和高温的作用，发生了结晶和再结晶而形成的。后来的工作，证明了莱伊尔的看法是基本正确的。

【叙述】
指出地层学在地质学中的关键地位。

莱伊尔对火成岩的组成和形态做了分析，指出了它们在许多地质现象中，并不像火成学派与水成学派激烈论战时那么重要。从莱伊尔的著作中可以看出，地层中所含的化石，是追索地球历史发展过程的主要资料。莱伊尔的这个观点，奠定了现代地质科学发展的基础。可以说，100多年以来，全世界的地质工作基本上是以地层学为主导的。人们在这里、那里，在这个时代、那个时代，发现了火成岩的活动、地质构造运动和生物世界层出不穷的变化等，在很大程度上与地层学和古生物学的发展是分不开的。

【叙述说明】
对地层学的局限性加以说明，表达了作者的担忧。

为了寻找矿物资源，世界上许多地区设立了地质调查机构，取得了大量的地质资料，特别是有关地层的资料，这就大大地扩展了地史学的领域，大大地丰富了它的内容。但是，由于100多年来，人们对地质现象的认识和采用的方法，基本上是以地层所提供的资料为主导的，这样做固然发展了地质学，但也束缚了地质学的发展。地层的记录，无论在哪个地区，总是残缺不全的，即使把全世界各处保存下来的地层全部拼凑起来，也不能反映地质时代的全部历史，而地质时代的历史，仅仅是地球历史极短的、最后的几页。

在这100多年来，现代的地质科学没有重大的跃进，但也发现了一些极堪注意的大问题，至今还没有得到解决。现在，把这些重大的问题分篇扼要地叙述一下。

【本文为《天文·地质·古生物资料摘要(初稿)》一书中的第二部分。】

【名师点拨】

相较于现代的研究环境，过去地质学家们的研究受到了许多限制。不仅仅是工具上的限制，还有着宗教势力的打压。正因为如此，科研者们探索真理的精神更令人敬佩，当代青少年都应该学习这种精神。

【回味思考】

1.维尔纳为什么固执地认定自己的理论是正确的？

2.宗教势力为什么支持灾变论？

地质时代

名师导读

在我国地质学发展的早期，我国的地质学家们从欧美学习了大量地质学知识，并套用到我国的地质上。殊不知，其中许多理论都是不合用的。我国的地质构造有什么特点呢？

一、地质时代的划分

【叙述】叙述地质时代的基本定义，简洁明了。

所谓地质时代，并没有严格的界限，一般是从最老的地层算起，直到最新的地层所代表的时代而言。最老的地层，当然包括变质岩层，最新的地层不包括冲积层。

【叙述】介绍地质工作者区分地层的方式。

广泛的实践经验证明，除了火成岩以外，许多不同时代建造的地层往往含有不同种类的化石，其中经常可以找出若干族类、种类只出现于某一段地层或者仅限于某几层地层。根据这种普遍存在的现象，在每一个地区从事地质工作的人们，经常注意在地层中寻找化石或者化石群作为标志来和其他地区的地层对比。有些化石是很特殊的，在上下地层垂直分布的范围很小，而在全世界的水平分布却很广。不管在各处的地层的岩石性质是否相同，只要它们所含的化石或化石群相同，它们的地质时代就是相同或大致相当的。这样一来，古生物化石的研究就成为划分地层的重要途径。

尽管在古代，宗教徒对化石公然提出了一些诡怪的说法，然而那种迷信很快就被古生物学揭穿了。

这样，从发展过程的历史来看，古生物学和地层学是密切联系着的两个学科，但是就在它们发展的过程中，发生了争论，形成了两派：一派主张，古生物学和地层学应

该合起来搞；另一派主张把古生物学分开，让地层学站在一边，而由古生物学自己根据生物进化的过程建立一个独立的学科。这两派有时争论很激烈，有时也按传统习惯“各自为政”，到今天形势还是这样。

【叙述】
两派讨论的关键在于是否将古生物学和地层学融合为一个学科。

不管怎样，利用古生物遗迹和遗体来划分地层，在世界范围内，对地质的历史已经做出了很大的贡献。而地层在层序上，在阐明上下的关系，也就是新老的关系上，对古生物某些种族的发展过程，也提供了确实可靠的依据。

含有古生物遗迹或遗体的地层，只限于全部地层较新的一部分。这个较新的一部分，已经根据上述的观点，划分为若干时代的产物。但是，现在已经发现了，还有很厚一段较老的地层基本上不含化石，那就需要用其他的方法来鉴别它们产生的时代。未变质或浅变质的较老的地层，在中国叫震旦纪，最厚达1万多米。但是，这个名词，在国外有的用，有的还固执地不用，统称为前寒武纪；而我们国家搞地质的也有一种跟外国传统走的倾向，也跟着叫前寒武纪，而不叫前震旦纪。

【叙述】
指出根据古生物遗迹或遗体鉴别时代的方法存在局限性。

自从某些物质蜕变现象被发现以来，人们就利用某些元素，特别是铀、钍、钾等的蜕变规律来鉴定地层的年代。因为，用这个方法，可以求出地层中或火成岩体中原来所含蜕变矿物存在的年龄，所以，一般称为绝对年龄鉴定法。实际上，所谓绝对年龄，并不是绝对的，它只提供一个概略的数字。因此，这个名词不恰当，最好称作同位素年龄鉴定法。

【叙述说明】
对绝对年龄鉴定法的基本概念加以说明。

二、地质构造运动的时期问题

地层并不是在水里或陆地上一层加一层平铺上去的东西，而是在它们形成的某些阶段、某些地带发生了程度不等、方式不同的运动。这种机械运动，只要达到了一定的强度，就会从参加运动中的地层的特殊结构反映出来。运动以后，受影响的地层，就不再是一层一层平铺上去了，

【叙述】
指出地层由于机械运动产生的变化,点明了地层形成的复杂性。

而是发生规模不等的挠曲、褶皱、断裂等现象。同时,有些地区,由于受了挤压或地下深部隆起,上升成山岳;另外一些地区平缓地下降成为洼地、湖沼或为海水所淹没。在山岳地带,由于侵蚀作用,高山逐渐被剥落,乃至夷为平地;而在低洼地区,就接受那些剥落下来的物质,如石块、泥沙之类,暂时地或永久地沉积下来。经过了这样一次地质构造运动以后,如果大面积地区又被淹没,那么在被削平了的挠曲、褶皱的地层上面,又会沉积一系列平铺的岩石。这些新沉积的岩层和其下老岩层不整合的关系,就标志着在某一个地质时代,地球上某一地区或地带发生过比较强烈的运动。有时,在这种运动发生的时期,在有关的地区往往有不同形状的火成岩侵入,同时那些侵入体有时带来了各种有用的矿产,这一切,当时也被削平了,也被新地层所覆盖。

【叙述】
指出判断某一地区是否发生过强烈运动的一大依据。

上面所说的现象,是在地球上许多地区经常见到的现象,它们对有关地区的地质发展过程,也就是那个地区的地质历史具有极其重要的意义,这一点没有问题。问题在于:

【叙述】
说明判断地层历史需要多方面的依据,否则很难得到确切答案。

(1)究竟这一段历史发生在什么时代,就是说在不整合面的上面的地层和下面受了短期或长期侵蚀的地层,能不能依靠古生物的鉴定,或者同位素年龄的鉴定来找出确切的答案呢?一般,确切的答案是很难得到的。

(2)在不整合面代表一个长期受侵蚀的情况下,难道不会在这个受侵蚀的时期中,在不整合面上,有个时期被水淹没过,也沉积过沉积物,后来,由于上升露出水面,又被侵蚀掉了?这样的过程,就没有地层的记录可考?我们不能排除这种情况发生的可能性,也不能排除这种事情反复发生过几次的可能性。中国北部,奥陶纪地层和石炭纪、二叠纪地层之间,有很长的时期,缺乏地层的记录,这就是很好的一个例子。

(3)既然侵蚀的时间不能确切地鉴定,那就很难把在某一个地区发生的某一次运动和另外一个地区发生的某

一次运动，严格地联系起来作为同一运动看待。特别是那两个地区相隔很远，对比起来就更没有把握。

【叙述】
指出难以将两个地区的运动联系起来的原因。

但是，100多年来世界各地的地质工作者，趋向于共同的认识，他们认为各地质时代中，地球上发生过几次强烈的运动，而每次强烈运动大体上是同时的。这里，我们需要追索一下这个概念形成和发展的过程。那几次巨大的运动，最初主要是根据西欧那个局部地区的地质条件定下来的，后来把它推广到世界上其他许多地区。事实上，在逐步扩大范围的过程中，在时间对比的问题上，已经引起了不少的争论。

尽管这样,最初的那个概念,一直占着统治地位,传到了俄罗斯,也传到了中国。所以,在中国的地质工作者,也就认为在我们的国度里也有什么加里东运动、华力西运动和阿尔卑斯运动这三次极其强烈的运动,也就不知不觉地套用了什么加里东等的名称,所以在地质工作者之间往往就发生这样毫无意义的争论。譬如说,秦岭这条山脉,你说是加里东运动形成的,他说是华力西运动形成的,诸如此类。这就说明一个问题:我们地质工作者,把外国的东西生搬硬套,用来解决中国地质上的问题,这样就带来了严重的错误和巨大的损失。

【举例子】
以我国的秦岭为例,说明在中国套用其他国度的理论不合适。

事实上,根据中国地层发育的情况和其间不整合的关系,中华人民共和国成立以来,我们已经证实了一些规模巨大的运动。譬如说,燕山运动(在中生代时期)、吕梁运动(在前震旦纪时期)等的存在,而这些运动在欧美等地区就不那么显著。甚至,从那里地层发育的现象得不到证明。反过来说,阿尔卑斯运动(时间是在第三纪的中叶)在欧洲的南部,确实是很激烈的,而在中国就见不到同时发生的强烈运动的痕迹。

以上所说的这些运动,都是指运动的时期或局部的方向而言,很少涉及在每次运动波及的范围内所造成的构造形式,关于这一点的重要性,另有论述。

【叙述说明】
对上文内容进行补充说明,便于读者充分理解。

三、地槽和地台问题

同一个时期的地层在地理条件不同的地区,构成它的沉积物的性质和厚度往往不大相同。就地层的厚度来说,有的地区从零到几米或者仅仅几厘米,而在另外一个地区厚度可以达到几十米或几百米;就沉积物的性质来说,在某些地区是泥沙层或石灰岩层之类,而在另外一些地区主要是粗、细沙砾岩层、煤层或夹若干石灰岩层等类的物质造成的。这种在地面上沉积物的变化,一般大都可以用地形隆起、低洼,沉没在水中或海中的深浅来加以说明。不过,通过这样的解释,来说明同一地质时期所产生的地层

【叙述】
指出通过这种解释来说明地层变化是有限度的。

的变化,是有限度的,是一般性的。

1859年霍尔在北美洲东部阿巴拉契亚山脉的北部,发现了受过强烈褶皱的古生代浅海相地层,其厚度达12千米以上。就是说,比在阿巴拉契亚山脉以西的同一时代,几乎无褶皱的岩层,厚10倍到20倍。既然那些沉积物是浅海的产物,那么它们的产生必然是由于它们沉积的地带,边沉降、边沉积而造成的。后来,在那一带浅海沉积中,又发现了夹杂着火山岩流之类的复杂岩层。1873年,达纳进一步调查研究了这种现象,他把这样长期的沉降带和其中的沉积物,统称为地向斜(中文译名为地槽)。达纳以后,在世界其他地区,又发现了不少主要是由浅海沉积物形成的厚度很大的狭长地带。在这样的地带积累起来的沉积物,必然是那个地带边下沉边沉积而产生的。地槽这个概念,也就逐渐普遍地被接受了。其中,显著的例子就是北美洲西部的科迪勒拉地槽,南美洲西部的安第斯地槽,欧洲的阿尔卑斯地槽,欧亚分界的乌拉尔地槽,中国的祁连山、秦岭地槽等。

【叙述】
介绍达纳关于地槽的定义,简洁明了。

人们对地槽的认识,在地质构造现象中,确实提出了一个比较重要的问题。但是,也引起了一些疑问,首先是地槽的概念,不是那么明确。因此,在推广这个概念的过程中,就出现了各式各样的地槽,有的甚至与原来认为是典型地槽的特点并不符合。这还是次要的事情,更重要的问题是,在地球上为什么发生了那些“地槽”?讲地槽的人们,好像认为地槽是天生的,不允许过问它的起源。科学工作者,对世界上的万事万物就是要问个为什么,闭口不谈地槽的起源,是非科学的。我们毕竟要问,每个确实存在的“地槽”,它为什么恰巧出现于它所在的地方?为什么所有地槽都占有一个长条形的地带?为什么经常有和它相伴随的、相反相成的隆起地带?这种隆起地带有时夹在地槽中间,有时靠近地槽的一边。当然,这些隆起地带由于受到侵蚀,现在或者已为平地,或者是和地槽中的沉积岩层一起转入了强烈的褶皱,有些人把这些伴随地槽

【叙述】
可见传得久远了,人们只知其然,不知其所以然了。

【叙述说明】
对地背斜的定义加以说明,为下文做铺垫。

的隆起地带称为地背斜。这个名称,恰好是和地向斜相配合的。根据这一类事实,如果我们把地槽和伴随它的地背斜,当作大陆上某些地带发生的巨型挠曲、褶皱看待,看来是合理的。就是说,地球上大中小型的褶皱,在实质上基本是相同的,其不同点,只是规模的大小,这样看问题,我们就可以把地向斜(地槽)、地背斜和其他大小型的向斜、背斜同样当作地壳形变现象处理。那种把地槽看作地球上特殊的、不需要过问起源的、天生的形象的论点,是不可知论,是反科学的论点。

【举例子】
以乌拉尔山脉西侧广大的地区为例,说明地槽以外的地区的地势特点。

地槽以外的地区,往往存在着褶皱甚为平缓,除了整体略为上升下降以外,看不出什么显著运动迹象的稳定地块。在乌拉尔山脉西侧广大的地区,就是属于这一类型的地块。俄罗斯的地质工作者们抓住了这一特殊现象,称它为俄罗斯地台。以后,他们在乌拉尔以东,又发现了一大块平地,叫作西伯利亚地台。从此,他们又推广了"地台"这个名称,一直推到中国来了,称中国这个地区为"中国地台"。其中又分为若干个较小的地台。经过长期的地质工作和比较深入的探测,人们在地台策源地的俄罗斯地台下面,发现了相当强烈的褶皱和火成岩的活动。而西伯利亚地台区,尽管表面平缓,下面的地层在有些地方褶皱也是非常剧烈的。在中国,全国范围内地层的褶皱,一般都是比较明显的,而在很多地带又是极为强烈的。所以就在套用了中国地台这个名称的基础上,于是就不得不把各式各样的地台,越划越小,在中国的大地构造中,就出现了许多这个、那个地台,而在这个、那个地台中又发现了褶皱带和断裂带互相穿插的情况,又创造了一个新学说,叫作"地台活化"论。请看,"地台活化"了,那还叫什么地台呢?这一个小小的例子,本来不值得一提,但是从这里可以看出,西欧和苏联地质学界的这种主观主义和形而上学的观点,是怎样深深地影响着一部分中国地质工作者的,这就不是一个小事情。

【叙述说明】
说明在我国地质学研究发展的早期,地质工作者们深受他国地质理论的影响。

四、沉积矿床

各种沉积层中的沉积物，有的具有工业价值，有的还没有找到工业上的用途。具有工业价值的沉积物，有的单独成层夹在普通岩石之中，有的工业矿物成薄片和普通岩层夹杂在一起，有的和普通岩石颗粒混杂在一起。关于成层的沉积矿床，最普通的例子有煤、铁、铝、磷、硫、岩盐、钾盐、石膏及其他盐类等。关于夹杂或混杂在岩层中的沉积矿床种类甚多，在岩层中聚集或分散的形式往往大不相同，这种夹杂或混杂在岩层中的有用矿物的来源，绝大部分是从原生矿床或含有那些有用矿物的古老岩石，经过侵蚀、风化和天然的分选而来的。这种类型的矿床，最值得注意的有含铜砂岩，含磷、含锰的岩层，含金、含铀的砂砾岩以及其他稀有金属、稀土元素、分散元素等。

【叙述说明】
说明具有工业价值的沉积物以不同的形态存在于岩层内部。

【知识拓展】
砂砾岩：也叫含砾砂岩，是以不同粒径级配的砂岩颗粒为主，成分成熟度低的岩石，属于复成分砂岩。

以上是指由固体的矿物形成的固体矿床而言，其次，还有一些液体和气体的有用矿物质资源存在于岩层中。因为构成岩层的矿物颗粒之间，经常有大小不等的空隙，液体或气体往往充填这些空隙，其中具有最重要的工业价值的液体和气体，就是大家所知道的石油和天然气。地下水也是夹杂在岩层中极其重要的成分。在某些地区，特别是干旱和盐碱地区，地下水对广大人民群众的日常生活和社会主义工农业建设，都是一种必不可少的资源；而在另外一些地区，如某些矿山开发的地区，它又可能造成灾害。

【叙述说明】
对具有工业价值的液体和气体存在的位置加以说明。

由于石油、天然气和水的特殊重要性以及它们在地下的流动性，地质工作者必须不断总结野外观测和实验的经验，通过实践、再实践来阐明这些矿物质的分布、动态和集中的规律，查明它们集中的地带和地区，分析它们的组成成分。显然，我们需要用特殊的方法来处理有关这一类资源的问题，与固体矿床的处理方法有所不同。就石油来说，我们首先应该根据从地质和古地理条件来寻找哪些地区是具有有利于生油的条件。所谓有利于生油的条件：

【举例子】
以探查石油资源为例，说明处理不同形态的资源的方法会有所不同。

（1）就是需要有比较广阔的低洼地区，曾长期被浅海或面积较大的湖水所淹没；

（2）这些低洼地区的周围需要有大量的生物繁殖，同时，在水中也要有极大量的微体生物繁殖；

（3）需要有适当的气候，为上述大量的生物滋生创造条件；

（4）需要由陆地上经常输入大量的泥沙到浅海或大湖里去，这样，就可以迅速把陆上输送来的有机物质和水中繁殖速度极大而死亡极快的微体生物埋藏起来，不让它们腐烂成为气体向空中扩散而消失。

【叙述说明】对上述关于生油条件的叙述加以说明。

石油生成的论点很多，直到现在还莫衷一是。不过，大体上看来，上面的观点可以说是大致符合实际情况的。这仅仅是就石油的生成，也就是它生成时，当初分布的主要特点和一般情况而言。在地种分散的情况下，生产出来的点滴石油混杂在泥沙之中，是没有工业价值的，必须经过一种天然的程序，把那些分散的点滴集中起来，才有工业价值。这个天然的程序，就是含有石油的地层发生了褶皱和封闭性的断裂运动。

【总结】对找生油区的关键点加以总结。

所以，我们找石油的指导思想：第一，要找生油区的所在和它的范围以及某些含有油气苗的征象（关于这一点，不是经常可以找到的，如果石油埋藏和封闭得比较好的话）；第二，进一步查明适合于石油、天然气和水聚集的处所，石油工作者称那些处所为储油构造。

【本文为《天文·地质·古生物资料摘要（初稿）》一书中的第三部分】

【名师点拨】

作者介绍了各国地质学家对地质时代的划分方式，并指出了其局限性，让读者认识到了人类得到的地质理论仍存在许多不确定因素。当然，地质学家们的理论中，如地质构造运动和沉积矿床的发现都是十分具有现实价值的，相信对地质的进一步探索发现能让人类获得更多的收益。

【回味思考】

1.什么是地槽？

2.具备工业价值的石油在分布上有什么特点？

古生物及古人类

名师导读

在那遥远的过去，那个古人类生活的时代，到底存在着哪些形态的生命呢？我们称呼那些古老的生命为古生物，它们与现代生物有何不同呢？一起来了解下吧！

一、原始生命形态的遗迹

【叙述】指出原始生命形态的遗迹的保存位置。

（一）地球上出现有生命的物质，是地球发展史上破天荒的大事。最原始的生物是在寒武纪以前的时代开始出现的。那些原始生命形态的遗迹（化石）被保存在寒武纪以前的古老地质时代所形成的地层里面。

【叙述】介绍古老的变质岩包含的岩石种类及形成时间。

寒武纪以前所形成的地层，概括地说，可以分为两大部分。一部分为古老的变质岩系，包括变质沉积岩、变质极深的各种结晶片岩及各种混合杂岩等。这些古老变质岩的形成是从距今约30亿～20亿年或更早的年代以前开始的。覆盖在那些古老变质岩系上面的，是时代较晚的轻微变质或基本上没有变质的沉积岩系。这一套岩系在我国发育完整，分布广泛，故名为“震旦系”，其所代表的时代则称为“震旦纪”。震旦纪大约开始于距今10亿年前，其延续时间约达4亿年之久。在震旦纪地层上面的，就是寒武纪的地层了。

【叙述】古生物工作者根据寒武纪的生物形态推断在此之前存在较为低级的动物。

寒武纪的地层是最早的含有丰富生物化石的地层。它含有大量的动物化石，如三叶虫、腕足类及古杯海绵等。有一些古生物工作者认为，这些大量的较高级动物不可能是骤然发生的，一定在它们之前，还会有和它们相类似但较为低级的动物，代表着它们之前的发展阶段。这些更早

的动物一定是生活在寒武纪以前的时代。为了证实这个想法，人们曾做出不断的努力，要从寒武纪以前的地层中找到化石。

如前所述，寒武纪以前的那些古老变质岩系，经过多次强烈的地壳运动，以致支离破碎、结晶变质，即使当初含有生物遗体或遗迹，也必然被摧毁，极难从其中找到可以鉴定的化石。但以后在那些古老变质岩系的上面，发现了震旦纪的地层（在外国也找到与我国震旦纪地层相当的岩系），它是基本上没有变质的沉积岩系，厚度有时达到数千至一万多米。震旦纪岩系的发现，燃起了人们寻找寒武纪以前的化石的希望。

有人曾根据生物的发展观点，将已知的寒武纪的动物加以分析概括，从而推论出寒武纪以前的动物群应该是由无壳的原生动物、硅质海绵、原始腔肠类、环节蠕虫、无铰合构造的腕足类以及某种类似三叶虫但更原始的节肢动物所组成。但多少年来，在世界各国的寒武纪以前的地层（包括震旦纪地层）中所搜寻到的，只是残缺而贫乏的原始生命形态的遗迹，远不足以证实这个推论。

【叙述】
介绍对寒武纪以前的动物群的推论具有参考意义。

（二）在震旦纪的石灰岩及白云岩中比较常见的，是具有同心圆构造的化石。大多数古生物工作者认为它是蓝绿色藻类的群体的钙质分泌物，故又把这种藻类叫作钙藻。

1922 年我国地质工作者在北京西北的南口地区考察地质，通过仔细观察，明确了钙藻中的“中国聚环藻”在震旦系南口灰岩中的层位，并发现了另外两个新种，以后被分别定名为“筒状聚环藻”及“棱角聚环藻”。1924 年我国地质工作者又在长江三峡地区发现了相同的钙藻化石。以后在我国华北及西部不少地区的震旦纪石灰岩中，都陆续找到了这类化石。

【叙述】
介绍我国地质工作者发现的震旦纪的藻类化石。

华尔科于 1906 年在美国蒙大拿州的柏尔特系（相当于我国的震旦系）地层中采集并描述了钙藻的许多新种。据雷蒙的意见，其中有些是可疑的，可能是无机质的结核。

最古老的原始植物化石为一种细菌，是在美国密歇根

【叙述说明】
对在美国发现的原始植物化石加以说明。

州休伦系(大致相当于我国的滹沱系)的铁矿层中发现的,呈杆状,在高倍显微镜下才能看见,很像现代的“衣细菌”。据说是铁细菌的一种,能将水溶液中的铁质分泌出来,使其沉积成铁矿层。

1915年,华尔科用高倍显微镜观察从美国蒙大拿州基维诺组(相当于我国震旦系)石灰岩中发现的“微球菌”,其直径仅为0.001毫米。

对于上述这些细菌,既缺乏坚硬组织又如此细微,竟然能从寒武纪以前到现在仍保存到可以鉴定的程度,有人(如美国的雷蒙)持怀疑态度。但也有一些人认为寒武纪以前的古老岩系中含有的大量石灰岩、石墨及一些铁矿,是属于有机成因的岩、矿,是通过当时水体中大量细菌及藻类这些原始生物分泌作用而沉积起来的。例如苏联的维尔纳茨基、别尔格和斯特拉霍夫都认为庞大的“前寒武纪”含铁石英岩矿层是由铁细菌形成的。

【举例子】
列举苏联地质学家的发现,说明许多岩石和铁矿来自原始生物。

从蒙大拿的“前寒武纪”石灰岩中,华尔科又找到一些没有定形轮廓的化石碎片,被认为是与“翼鲎”或“板足鲎”相接近的一种节肢动物的甲壳。爱基渥次、大卫等从澳大利亚“前寒武纪”地层中所获得的所谓“节肢动物”,据雷蒙说,可能是同样性质的东西。

在苏联,在乌拉尔西坡的里菲界(相当于我国的震旦系)及西伯利亚的震旦系中,也找到钙藻并分为许多属、种,而总称之为“叠层石”。据说在南乌拉尔里菲界的叠层石中曾找到可疑的微体生物化石。

【过渡】
承接上文,引出下文关于动物方面的讲述。

以上是讲的植物化石,下面我们转到动物方面。

在北美洲,主要是在加拿大南部及美国西部,先后找到零星的动物化石,其中有些也是可疑的、有争议的东西。在北美洲,对“前寒武纪”化石研究最早、致力最多、费时最久的,还是前面已经讲到的那位美国“权威”华尔科。而对他的工作成果持怀疑甚至否定态度的,则是他的后辈——另一位美国人雷蒙。有关动物化石的发现简述于下。

海绵化石——1911年,华尔科曾描述,在加拿大南部

安大略的阿瑟港附近，在“前寒武纪”“陡岩系”的石灰岩中所获得化石标本，将其与寒武纪的一种海绵相比较。以后被证明是无机物所形成，而不是生物化石。但华尔科曾报道在美国西南部大峡谷地区（相当于我国震旦系）的上部地层中，发现了据说是真正的海绵骨针。

腔肠动物（水母及其他）化石——据说在美国大峡谷“前寒武纪”地层中曾找到过水母化石。从芬兰东部前寒武纪石灰岩夹层中，曾找到一种近于床板珊瑚的可疑化石。

环节动物（蠕虫）化石——华尔科曾描述从美国蒙大拿的“前寒武纪”岩层中找到蠕虫爬行印迹及所掘的空洞。在我国南沱灯影灰岩中也曾发现过蠕虫穿过藻类所留下来的空洞。

在澳大利亚南部震旦纪地层中找到的化石，据说还有翼足类及原始的腕足类。

此外，在欧洲，许多年前，凯耶曾描述从布利塔尼（法国西北部）的变质岩中获得的许多放射虫、有孔虫及海绵，曾一度被广泛接受为“前寒武纪”化石，但也引起了怀疑和争论。后来，一个法国地质学家指出含这些化石的地层并非“前寒武纪”而可能是泥盆纪。因此，在欧洲曾轰动一时的“前寒武纪”动物群是不足凭信的。

【举例子】

以凯耶的发现为例，指出该类化石来自前寒武纪的说法存在疑点。

（三）概括上述，从20世纪初期到现在，超过了半个世纪，人们已找到的寒武纪以前的生物化石，在植物方面仅为蓝藻、细菌及某些不能做确切鉴定的孢子与仅有的一种木材化石；动物化石方面则为海绵骨针、腔肠动物（水母及另一种可疑化石）、环节动物活动时留下的残迹及翼足类与腕足类。门类虽然也不算少，但重要的问题是，这些零星残缺的生物遗迹，除钙藻外，都是极其少见的，而且它们绝大部分的真实性是有争论的。这就使人们突然地感觉到，生物在寒武纪以前的数十亿年漫长的演化过程中，给我们留下的化石竟是如此的贫乏，这与寒武纪一开始就出现的颇为繁盛的和相当高级的生物群，远远衔接不起来。对这一现象如何解释呢？

【知识拓展】

现在：指作者成稿的1970年。

【总结】

对上述内容进行总结，便于读者理解。

在18世纪末叶，法国科学工作者居维叶（1769—1832）提出了“灾变论”。他和他的学生迪奥宾尼认为在地质发展史中，地壳运动形成海陆升降的突然变革，或使海涸为陆并隆起为山脉，或使陆沉为海，每次都给生物带来一次灾乱，而这种灾乱使地球上一切生物灭绝，以后又由一种所谓新的不寻常的“全能的创造力”，将生物又恢复起来。他们认定物种是永恒不变的，新的和旧的，高级的和低级的物种之间没有演化的关系。旧的物种在一次灾变中完全被灭绝了，以后由“全能的创造力”又创造出一些新的更高级的物种。按照灾变论的说法，寒武纪以前的生物就可以认为是在一次地壳运动所引起的灾变中被毁灭得毫无踪影，寒武纪的动物则是以后由什么“全能的创造力”一下子创造出来的。这是地地道道的形而上学的观点。随着生物科学的发展，特别是在达尔文的《物种起源》一书问世后，这一类带有浓厚宗教迷信的说法就越来越站不住脚了。

【叙述】
简单地介绍了居维叶的灾变论，引出下文。

由于在我国以及其他国家先后发现基本上没有变质、适于保存化石的那一套寒武纪以前的地层（即震旦系），人们也不能再说寒武纪以前化石的贫乏是因为那个时代的地层屡经剧烈破坏，不能保存化石了，于是转到生物本身上来寻找原因，因而把注意力集中到另一方面的解释，即寒武纪以前的动物缺乏坚硬的钙质外壳或骨骼，即缺乏被保存为化石的条件，认为这是寒武纪以前化石特别稀少的主要原因。

【叙述】
指出了寒武纪化石稀少的原因，这只是一种猜想。

那么，为什么那时的动物没有钙质骨骼呢？对此，西方的学者根据某些片面的认识，曾试图做出各种解答，主要的可分为以下四种：

（1）因为寒武纪以前的海水中缺乏钙质；

（2）寒武纪以前的海水中含有较多的氯及其他游离的化学元素，使海水变为酸性，阻止了生物钙质骨骼的形成；

（3）现在能见到的寒武纪以前的地层都是大陆上的淡

水沉积物，而淡水含钙量很低；

【叙述】
这种解答的中心在于生存环境影响了寒武纪以前的动物。

(4)寒武纪以前的动物都是漂浮在海水表层的浮游动物，钙质介壳或骨骼太重，对浮游生活不利，因而没有形成钙质骨骼，只有到了较晚的寒武纪或更晚的奥陶纪，在海底生活的底栖动物才形成笨重的钙质介壳或骨骼。

【议论】
针对上面的解答展开议论，以我国的地质为证据，推翻了上述前两种说法。

关于前两种说法，只要看一看我国震旦纪的厚度大而分布又广的石灰岩层，就可以肯定那时的海洋不缺乏钙质。海水中既然含有大量的钙，也就不是什么酸性的了。

关于第三种说法，把寒武纪以前所形成的地层全部说成是大陆沉积，是没有根据的。像我国的震旦纪石灰岩，与中、新生代陆相沉积的碎屑岩显然不同。退一步说，即使是陆相沉积，也不能作为钙质骨骼不能形成的理由，因为我们知道，大陆上湖水及河水中的动物，如常见的淡水螺蚌，也具有钙质介壳，因而也能被保存为化石。

第四种说法是雷蒙及布鲁克斯所主张的。他们认为“前寒武纪”动物为适应浮游生活，故无钙质骨骼，但指出可以有较薄、较轻的几丁质或硅质骨骼。这个说法好像能说明寒武纪以前的动物没有钙质骨骼的原因，但并不能解答寒武纪以前的动物化石何以如此贫乏的问题。因为钙质骨骼固然是保存化石的良好条件，而几丁质的介壳也同样能保存为化石，寒武纪地层中保存得很好的大量的三叶虫以及常见的舌形贝，正是具有几丁质的外壳。那么，那些没有钙质骨骼但可以具有几丁质外壳的寒武纪以前的动物，为什么也不能像寒武纪的三叶虫及舌形贝那样被保存为化石呢？

【解释说明】
以三叶虫以及常见的舌形贝为例，说明上述第四种说法存在漏洞。

如上所述，西方学者的种种解释，并没有能够真正地解答问题。其实，寒武纪以前生物化石的贫乏并不是什么奇怪的事，因为生物在萌芽和发展的初期，个体的数量就是比较少，分布的面积不广，分布的密度不大，因而能被保存为化石的机会就更少。虽然我们不能排除这种可能性，即今后随着地质、古生物工作的扩展和深入，还会在寒武纪以前的地层中找到若干零星的生物遗迹，但即使如

此，由于寒武纪生物群的大发展，包括若干主要门类的生物（如三叶虫等）发展的飞跃，因而在寒武纪以前的古老时代与寒武纪之间，生物的演化是存在着一个很大的不连续（间断）。寒武纪以前的漫长的古老时代，是生物孕育、萌芽和发展的初期阶段，那时的生物群，作为整体来看，它的演化看来是缓慢的。这种长期的缓慢的演化，为生物体本身准备了质变的飞跃和大量繁殖的条件，因而一旦到达寒武纪，在适宜的外界环境条件（例如海水的温度、溶解的物质成分及营养物质等）的促使下，就出现一个大发展，从而产生了大量的、较高级的生物。

【叙述】
通过了解寒武纪生物群的发展，得出生物的演化存在着一个很大的不连续这个结论。

生物发展的不连续性，在寒武纪与“前寒武纪”之间是异常突出的，但在以后的各地质时代这种不连续还陆续出现，使不同时代的生物群呈现显著的差异。总的说来，在每次不连续之后，就有更高级的生物通过质变的飞跃而出现，因而我们有可能根据不同的化石生物群来鉴别不同地层的先后时代。由于不同时代的地层往往含有不同的沉积矿产（例如震旦纪以前古老变质岩系中的沉积变质铁矿，震旦纪地层中的铁矿、锰矿，寒武纪早期地层中的磷矿，泥盆纪地层中的沉积铁矿，石炭纪地层底部的铝土矿，石炭至二叠纪及中、新生代地层中的煤矿、石油与天然气以及盐类矿产等），因而古生物学的工作，通过对地层时代的鉴别，在寻找矿产资源为社会主义建设服务方面，具有重大的实际意义。

【总结】
由于发现了生物发展的不连续性，地质学家们总结出了一定的规律。

二、动物界的第一次大发展

地球发展到了寒武纪时期（距今约6亿～5亿年），就出现了大量的、门类众多的和较高级的动物。寒武纪以前的生命的星火，到这时已成燎原之势。这是地球上动物界的第一次大发展，具有划时代的意义。

【类比】
以星火燎原作比，突出了寒武纪物种大爆发的特点。

从化石来看，在寒武纪初期出现的动物，除脊椎动物外，几乎所有的主要门类都有了。其中最多的是节肢动物中的三叶虫，约占化石保存总数的60%，其次为腕足类动物，约占30%，其他节肢动物、软体动物、蠕虫及古杯海绵等共占10%。

【叙述】
简单介绍寒武纪的古生物，引出下文。

腕足动物是具有一对外壳的海生动物。软体动物中有头足类及腹足类。古杯海绵是固着在海底的一种古老生物，具有多孔的内壁及外壁等较为复杂的结构。蠕虫化石由于不易保存，比较少见。节肢动物除三叶虫外，比较常见的则为甲壳类的古介形虫。

【列数字】
用具体数字加以说明，更准确、更科学、更具体，让读者信服。

【知识拓展】
附肢：指动物体主躯干以外的，由动物体自身所支配的部分躯干。

【叙述说明】
说明了三叶虫的化石成为划分地层的标准化石的原因。

寒武纪动物群中最为突出的是三叶虫，它是世界各地常见的化石。我国是产三叶虫化石最多的国家之一，从新疆到苏、浙，从东北到西南，自寒武纪到二叠纪的地层，都有三叶虫化石发现。目前已正式鉴定和描述过的计有376个属，1233个种，还将继续有所增加，其中以寒武纪的为最多。三叶虫的种类繁多，形体大小不一，最大的可长达70厘米，最小的不足1厘米。绝大部分的生活情况是游移于海底，以原生动物、海绵、腔肠动物或这些动物的尸体以及海水中的细小植物为食料。三叶虫是比较高级的节肢动物，如在我国寒武纪初期的页岩中经常可以找到的"莱得利基虫"，其躯体各部分结构已经分化得很好，有头部、胸部及尾部。头部结构复杂，有一对眼睛；胸部有十几个胸节；尾部由若干体节互相融合而成。头、胸、尾部都生有多节的附肢。其他如寒武纪中期的"德氏虫"及晚期的"蝙蝠虫"等，结构也都比较复杂。由于演化迅速，在不同的时期出现不同的种，故三叶虫成为对下部古生代地层特别是对寒武纪各期地层进行划分与对比的标准化石。

寒武纪早期的软舌螺化石，产于我国西南各省寒武系底部的磷矿层中，故这种化石可作为在西南各省寻找磷矿的标志。

正因为是动物界的第一次大发展，所以寒武纪的动物群一方面含有大量的较高级的动物三叶虫，另一方面也还在某些动物方面保留着一定的原始性。例如，这个时代的腕足类动物是以比较原始的具有几丁质外壳的无铰纲为

主，软体动物也是细小的、比较原始的类型，如上述的“软舌螺”及“似海螺”等。这也说明了在同一时期不同门类的生物发展的速度不等，显示着发展的不平衡性。

生物演化的历程包括许多次飞跃，而每次飞跃就有更高级的生物出现并形成一次大发展，给当时整个的生物群带来崭新的、繁荣的面貌。在寒武纪以后，动物界还继续经历多次大发展，而在寒武纪的大发展，则不过是“春雷第一声”。例如，在奥陶纪突然繁殖的笔石群及大型的头足类直角石和珠角石等，在志留纪大量繁殖的珊瑚及腕足类，泥盆纪大量繁殖的水生脊椎动物鱼类，上部古生代繁盛的、具有纺锤型复杂外壳的原生动物类，中生代的恐龙之类的大型爬行动物以及新生代的哺乳动物，如此等等。所有这些盛极一时的动物，都是经过质变的飞跃而产生并大量繁殖的。它们的出现，使不同时代的动物群具有不同的时代特征。

【举例子】

以地球各时代中突然发展起来的物种为例，论证上文的观点。

三、植物界的第一次大发展

地球上的植物，是以最原始的形态先出现在海水(或其他水盆地)中。在漫长的时期陆地上基本没有植物，几乎到处是童山和荒漠。大地换上绿装，是开始于泥盆纪(距今4亿～3.5亿年前)。

【知识拓展】

童山：没有树木的山。

在泥盆纪以前，主要是生长在海水中的原始的水生植物，一类是单细胞、单细胞群体并没有叶绿体的细菌和蓝藻；另一类是单细胞、单细胞群体或多细胞而具有叶绿体的其他藻类。在北京人民大会堂的大理石磨光的面上，有很多一环套一环的美丽花纹，很像是寒武纪以前的钙藻化石的各式各样的剖面。

【叙述】

介绍泥盆纪以前的两种主要水生植物。

我们知道比较确切的第一个相当繁盛的陆地植物群，就是泥盆纪植物群。也就是说，地壳发展到了泥盆纪，植物才大量从水中“登陆”，实现了从“水生”到“陆生”的飞跃，而随着这个水陆环境的变革，一些新的陆生植物迅速繁殖，并有原始的裸子植物出现。这是植物界的第一次大

发展。

在泥盆纪早期和中期达到繁盛顶峰的植物群，是以裸蕨为代表，称为裸蕨植物群。裸蕨是最原始的陆生植物，这种植物的根、茎、叶的分化还很不完全，没有叶子，只有枝的分叉，细弱的茎和枝都裸露，故得名。

【叙述说明】

对裸蕨植物的特点及名称由来加以说明。

具有叶子的植物（虽然是微弱的孢子叶），如鳞木植物中的原始鳞木，在泥盆纪中期已经大量出现了。值得我们注意的是，在泥盆纪中期，也开始出现了高达数米的小型乔木或灌木，像种子蕨一类的植物。种子蕨一类的植物化石，是已发现的最古老的显花植物化石。

到泥盆纪晚期，裸蕨完全灭绝，代之而起的是大型的古老羊齿植物，叫作古蕨。这时很多植物已经是大型乔木，叶子发达，茎干粗壮，如鳞木类的圆痕木就是这时乔木的一种。这时丛林高树，呈现空前的繁荣景象。

【叙述】

介绍泥盆纪晚期的植物的特点。

对于泥盆纪陆生植物的迅速繁盛，人们往往感到是很突然的，因为在比泥盆纪更古老的地层中，迄今没有找到可以作为泥盆纪植物发展前一阶段的所谓过渡型的化石植物群。根据现有的资料，不仅太古代和元古代只有原始海生菌、藻为比较可靠的植物化石，而下部古生代，从寒武纪一直到志留纪中期的植物化石，也仍然是以海生菌、藻类群为主。

从泥盆纪前的原始海生菌藻植物占统治地位转到泥盆纪较高级陆生植物占统治地位，这种转化，是植物界发展中的一次大飞跃。因而，使植物界的演化在泥盆纪以前的时代与泥盆纪之间，形成一个明显的间断。植物界在泥盆纪以前的漫长时期的演化，为某些类型的植物的飞跃发展准备了条件。志留纪与泥盆纪之间的地壳运动，使大陆普遍上升，海水撤退，海面缩小，因而原来为海，特别是为浅海的地区，变为低湿的平原或具有洼地的丘陵地带。这是促使那些本身具有一定条件、能适应这种环境变革的植物从水生转为陆生的外界因素。

【叙述】

说明植物的发展要经过漫长的演化过程，才能达到质变的飞跃。

泥盆纪陆生植物的迅猛发展，只是植物界的第一次大

发展,此后还有多次大发展。而每次大发展包括若干门类中某些植物的质变的飞跃,因而在每次大发展中就有更高级的植物出现。例如,在石炭纪、二叠纪构成茂密森林的鳞木、封印木、芦木、科达树、大羽羊齿等,在中生代特别是在侏罗纪最为繁盛的裸子植物,在第三纪最为繁盛的被子植物等,都是植物界各次大发展中的产物。它们的繁殖给不同时代的植物群带来不同的特征,因而我们能够利用这些植物化石来鉴别含化石地层的时代。由于这些古植物在一定的地质时代是"成煤植物",我们可以把这些植物化石当作标志,来寻找各个产煤的地质时代的煤层。

【举例子】
列举后期出现的更高级的植物,论证泥盆纪以后植物界存在多次大发展这一观点。

四、古生物工作中涉及进化论的一些主要论点

生物工作者,很清楚不能撇开古生物的调查研究工作,他们借助于古生物学的资料,有力地促进了进化论的形成和发展。

生物界在过去曾受许多和地球本身的历史有关的改变,这种思想首先表现在法国科学工作者布丰(1707—1788)的著作中。按照布丰的意见,在地球上有了生物的时候,生活条件(包括地理和气候条件)的改变必然反映在有机体的结构上,使有机体发生变异。这种见解可以说是进化论的开端。

【叙述】
讲述法国科学工作者布丰关于生物变异的理论。

与布丰同时的瑞典植物学工作者林奈(1707—1778)所倡导的"特创说",认为万物既经创成,永久不变。林奈在当时声名很大,所谓"特创说"风靡全欧。当时教权仍极强盛,由于受到宗教监察的迫害,布丰在他出版较晚的著作中不得不删掉或修改与宗教相矛盾的部分。

【叙述】
说明了宗教势力对科学发展造成的负面影响。

布丰关于物种演变及从简单发展到复杂的见解,被法国著名的自然科学工作者拉马克(1744—1829)所广泛宣传。拉马克是古无脊椎动物学的创始人。他在1815年的著作中,将他的生物进化学说总结为四条:

(1)生命以其固有的力,趋向于不断地增大每个生物体的体积,并扩大生物体的各部分,直到它所达到的限度。

(2)动物机体的新器官的产生,是由于增加了使动物不断地感觉到一种新的需要的结果。

(3)器官的发展及其活动的力量,经常与其运用成正比例。

(4)生物体的组织在个体生活过程中已经获得的、废弃的以及改变的一切性能,是被保存下来并遗传给遭受过这些变化的个体的后代新个体中。

【议论】对"欲望"演变论展开议论,指出其中的错误之处。

上述四条是互相联系,不可割裂的。第二条曾被称为动物器官根据"欲望"而演变的假说,这显然是把这一条和其他各条割裂而加以歪曲。因为拉马克并没有说动物的欲望直接影响它的形体,而是说变更了的需要引起生活习性的变更,从而导致新器官的形成或原有器官的改变。这可以同第三条即著名的"用进废退"定律联系起来看。按照拉马克的意见,动物的新的"需要"是由外界环境的变化所引起的。环境的变化导致动物活动的新方式,从而引起器官形体的增大或产生其他方式的器官能。反之,动物体其他部分的废而不用,就导致这部分的退化。只有这些有结果的实质的变异才被遗传,这就是上列第四条,即获得性的遗传。拉马克举出了一些实际例证。例如,非洲长颈鹿的祖先,原来是颈子并不长的普通鹿,后来因气候变化,地上的草变少了,不得不经常伸长颈子和前腿来吃树上的嫩叶,这样不知经过多少代,颈子和前腿愈来愈长,终于形成长颈鹿。

【举例子】以非洲长颈鹿的变化为例,便于读者理解,增强说服力。

拉马克虽然受了18世纪形而上学的思想教育,却敢于和当时占绝对统治地位的形而上学观点展开斗争。他反对林奈的"特创说"和居维叶的"灾变论",打击了物种不变的观念。

与拉马克同时,以研究动物体内部结构为主的圣希雷尔(1772—1844),他有些见解具有生物进化论的思想因素。例如他认为在同一门范围内动物体结构上的变异,是由于外界环境的直接影响所起的作用。在这一观点上,圣希雷尔是达尔文主义的先驱者之一。但是,他所提出的关于全

部动物界具有一个“原来的、统一的结构图案”的说法，却又违反了生物发展观点。

【议论】
对圣希雷尔的理论展开议论，指出其对、错之处。

值得提出的是，1830年7月圣希雷尔和居维叶这两个法国人之间展开的著名的论战。论战的主题是关于软体动物与脊椎动物的机体结构是否像圣希雷尔所说的为一个“统一的结构图案”的问题。统一结构图案的说法，恰恰是圣希雷尔的错误的一面，论战的结果是形而上学者居维叶等人胜利了。但实际上适得其反。由于在论战中一些科学工作者和哲学工作者展开了一般原则性的争论，使进化观念的拥护者澄清了某些错误，找着了更正确的途径来证明他们的观点。因此，这次论战反而有助于以后进化理论的发展。这是居维叶所意料不到的。

【叙述】
指出这次论战对以后进化理论的发展的意义。

在18世纪，瑞典人林奈对生物分类学做了大量工作。但他认为一切生物都是由神所创，各有天赋特征，固定不变。这就是上面已提到的“特创说”。居维叶在研究化石方面颇有建树。由古代生物的遗体或遗迹所形成的化石，本是生物演化的一种有力的实证，而居维叶则终生反对生物进化的理论。但和他的意愿相反的是，他自己在分类学、比较解剖学和古生物学方面的大量工作成果，却为19世纪后半期唯物主义生物进化学说的确立，提供了有力的根据。

【叙述】
居维叶本人坚决反对生物进化论，但他的工作成果却为生物进化论提供了有力的根据。

在19世纪中叶，达尔文(1809—1882)一方面承继了布丰、拉马克等前人生物发展学说中的正确论点，并集其大成；另一方面通过他自己长期调查研究的创造性的实践，把生物发展的理论提高到更完备的、更成熟的阶段，确立了进化论。

达尔文学说的主要内容可概括为四部分：

(1)变异性与遗传性。肯定了变异性是生物的共同特性；变异的主要原因是生活条件的变化。引起变异的生活条件如果保持下来，这种变异就会遗传给后代，而且会一代一代地加强。这就是“变异累积定律”。

(2)人工选择，获得新品种。人类对那些产生符合人类需要的变异的家畜和作物,连续进行选种,使变异愈来愈显著,因而获得具有显著差别的家畜和作物品种。

【叙述】
比起大自然的选择,人工选择导致的物种变异耗时更短。

(3)自然选择,适者生存。自然界中影响生物进化的要素是和人工选择相类似。在自然条件下,由于生物彼此之间及生物与周围环境条件之间的复杂关系,在较长的时间过程中,那些较不完善的,即对环境的适应性较差的类型,就会逐渐被淘汰;那些较能适应周围条件的类型就会被保存并发展。

(4)新种的形成。在自然选择过程中,逐渐发生性状差异的加强和累积,于是在一个种之内形成了各种不同的变种,变种之间的差异进一步加深,就成为各种不同的新种。

【总结】
总结上述内容,指出达尔文与拉马克的学说大同小异。

达尔文与拉马克的学说,在生物的发展观这个大方向上是一致的,在个别具体论点上还有不尽相同之处。例如,对于变异与遗传的解释,拉马克侧重在生物器官“用

进废退”这方面，达尔文则较全面地阐明了“自然选择”的作用。

值得提出的是，德国动物学工作者海克尔(1834—1919)所建立的“重演说”，认为生物个体发育的各个阶段，是将这个生物所属的种族从远古祖先历代演化的一系列状态(历代变化，又称系统发生)，在一定程度上重新表演出来。海克尔指出，个体发展的历史，是种或种族的发展历史的简短重复。各种多细胞动物的个体发育，特别是在幼虫时期，都经历大体相似的阶段，这表明了动物起源的共同性。海克尔的演说，有力地支持了达尔文的进化论。

【叙述】
简单讲述海克尔“重演说”的理论内容。

自1859年达尔文的《物种起源》一书问世后，生物进化的思想逐渐被人们所接受。过去在一定程度上借助于古生物学资料而逐步形成和发展的进化论，以后转过来促进了古生物学的发展。但是，究竟是什么力量推动了生物的发展，这显然是进化论的关键问题。庸俗进化论者扩大了达尔文学说中的缺点，片面地强调外因的作用，否认内部矛盾是事物发展的根本原因，只承认事物的渐变，否认质变的飞跃，这是极其错误的。

与生物发展学说密切关联着的遗传学中，出现了一些不同的论点。有些形而上学的论点，例如认为各种有机体内都具有永生和不变的有机质，把它们的特点一代一代地传下去，这样就为资产阶级的“优生学”和法西斯的“种族主义”提供了一种“理论”基础，是极端错误和有害的，应予以严厉批判。不过那些论点同以化石为研究对象的古生物学关系不大，不在这里讨论。

【举例子】
以“优生学”和“种族主义”理论为例子，说明有些理论是极端错误和有害的。

五、人类的出现

自然界中生物的发展，终于导致人类这种能改造和征服自然的特殊生物出现。

真正的人，能制造工具的人，是出现在最近100万年之内。对悠远的地球发展史来说，100万年只是一个很短暂的时间；但和人类有文字记载的历史相比，毕竟是太远

【对比】
对比地球的发展史，甚至人类的发展史，人类建立文明后的历史实在太过短暂。

了。人们总想弄清这100万年之内发生的事情。

最初，在世界各民族中都流传着关于人类起源的各种神话和传说。拉马克在1809年出版的《动物哲学》这本书里，指出人类是起源于类人猿，才开始突破了传统的神话传说，震撼了宗教迷信。达尔文在1871年出版的《人类的起源与性的选择》一书中，指出人类和现在的类人猿有着共同的祖先，是从已灭绝的古猿演化而成的，从而阐明了人类与动物的共同性，进一步奠定了人类在动物界的位置。伟大的革命导师恩格斯在1876年写的《劳动在从猿到人转变过程中的作用》的著名著作中，运用辩证唯物主义的观点，揭示了人类起源和人类社会产生的规律，提出了劳动创造人的科学论断。恩格斯不仅肯定了人类与高等动物的一般的共同性，更重要的是指出了人类与动物最本质的区别，即人类能制造工具并使用工具从事劳动，来支配和改造自然，而一般动物则不能。本身具备着可能发展条件的人类的远祖，正是在一定的环境条件下从古猿分化出来之后，通过必需的生活活动，使前肢解放为手，用双手制造并使用工具来改造自然，在改造自然的进程中逐步改造了自身，终于由接近类人猿的原始人发展成为现代人。

【叙述】讲述了恩格斯对于从猿到人转变的理论的看法，指出了人类与动物本质的区别。

人类的发展可以分为：古猿—猿人—古人—新人这四个阶段。在我国发现的“中国猿人”“马坝人”及“山顶洞人”，分别属于猿人、古人及新人阶段。实际上，每个阶段都包含着人类在发展中的一次质变的飞跃。

【设置悬念】人类的发展有什么质变呢？调动读者好奇心，引出下文。

（一）人类发展的第一阶段——古猿开始从猿的系统中分化出来

人类究竟是在什么时候从猿的系统中分化出来的呢？对于具体时间，现在还有不同意见，但都认为是在第三纪的某一个时期，可能是中新世或其前后，即在渐新世晚期到上新世早期，距今约3000万年～1000万年。至于能制造工具的人的出现，却在第四纪，即在最近的100万年之内。从猿的系统中分化出来之后，一直到能制造工具的人

的出现，这一段漫长的过程，是真正从猿到人的过渡阶段。

在中新世或其前后，由低等猿类中分化出现了大型的类人猿。将现代类人猿体格结构的解剖性状与这种古代类人猿化石进行比较研究，可以知道古猿躯体各部分结构，是在高级动物中与人类最接近的。正因为古猿本身结构具有与人相接近的性状，在一定的外界环境的作用下，古猿才有可能离开猿的系统而向着人的方向发展。

【叙述】
研究者们根据人类身体结构和古猿身体结构的相似性，倒推出古猿的发展方向。

在树居生活环境的影响下，古猿躯体各部分在漫长的岁月里继续发生着缓慢的演化。例如它们在树上生活时，常用前肢（手和臂）采摘果实和捕捉小虫，后肢（腿和脚）则紧握树的枝干以支持全身重量。又如，它们在树上依靠“臂行”来移动，即用前肢攀握树枝来移动身体。当用前肢向上攀缘时，后肢就会呈现直立的姿势。长期这样的活动，就引起骨骼和韧带结构上的某些变化，为手和脚的进一步分化及两腿直立行走的进一步发展准备了条件。

【举例说明】
以古猿生活中的表现为例，说明它们的进化史出于生存需求。

依据古气候资料，可能是由于在第三纪早期即已开始的地壳运动，使大陆上升，引起气候及地形的变化，在第三纪中期，北半球中纬及南纬的广大地区，气候变冷和干旱，森林大片消灭。在第三纪中新世末期和上新世早期，古猿生活的地方已经不是大片连续的热带森林，而是有草原间隔的树丛。因此，古人类工作者认为，大片森林的消亡，是促使古猿从树上转到地面并逐渐运用两足行走以适应地面生活的外界因素。

古猿转到地面生活后，开始时可能像现代类人猿以半直立的姿势行走，即当后肢起立行走时，仍需弯着腰用前肢手指的背面着地来起支撑作用。等到前肢离开地面，完全用后肢行走并支撑全身重量时，前、后肢就发生了决定性的分化。从四肢着地到两肢直立行走，是古猿从猿的系统中分化出来之后的一次质变的飞跃。

【叙述】
讲述古猿由四肢着地到两肢行走的进化过程，这是一种合理化的科学的推想。

在欧洲和亚洲发现的第三纪上新世早期的“森林古猿”化石比较零星，多为牙齿和上下颌骨碎片，其中有的种类与现代的某种大猿相似。另外，像在印度发现的某些古猿化石，就显示与人相似的性质。

在非洲发现的几种类型的似人似猿的化石，总称为“南方古猿类”。这类古猿化石是在第四纪更新世早期的地层中发现的，但它们向着人的方向发展，很可能是在更早的时期即在第三纪后半期已开始，而一直生存到第四纪更新世早期。有的古人类工作者认为，南方古猿是生存在第三纪之末与第四纪之初。总之，根据目前的认识，南方古猿类是代表在猿人以前的人类发展阶段。

【总结】

由于无法确定具体时间，只能以笼统的时间作为总结。

南方古猿的各部分化石骨骼都显示与人相似而与猿不同，而且所有骨骼的解剖性状，都一致表明它们已能直立行走，头脑较为发达，脑量（450毫升～650毫升）高于一般化石猿类和现代类人猿。它们是处在人类最原始的蒙昧时代，已经在生活活动中本能地使用石块、木棒等天然工具，但一般还不能制造工具。

在我国广西柳城和大新等地的山洞中发现的“巨猿”（或称“巨人”）化石，根据其牙齿和下颌骨异常硕大等特点看来，可能是似人的古猿系统上灭绝了的一个旁支。

【叙述】

本能地使用天然工具和主动地制造工具是两个完全不同的概念，是区别人与猿的关键。

许久以来，我们通常把能制造工具的猿人当作最早的人类。至于南方古猿究竟是猿是人，则争论很久。目前古人类工作者已基本上一致认为，南方古猿在发展进程中已经经过从四足着地到两足直立行走的质变，应包括在人的范围之内。人类的范围因此扩大了，由于南方古猿远比猿人早，人类的历史也因之大大延长了。

1959年英国人利基在东非坦桑尼亚奥杜威峡谷发现了一个头骨，定名为“东非人”。产化石的地层经过同位素年龄鉴定，证明“东非人”生存的时代是在185万～157万年前。经过激烈争论之后，1961年将“东非人”改名为“南方古猿鲍氏种”，即属于南方古猿类型。

【举例子】

以1959年英国人的发现为例，说明更换定义人的标准后，人类的历史也会随之变化。

1960年利基又在发现“东非人”的同一地点发现头骨和其他骨骼化石，因层位比“东非人”稍低，当时曾称之为“前东非人”，1964年又将其正式学名定为“能人”。近年来有不少古人类工作者主张“能人”也应归入南方古猿类

型，其生存时代是在178万年之前。

（二）人类发展的第二阶段——猿人

猿人是第一次能用双手制造工具的人，它和那种只能本能地使用自然工具（石块、木棒）的一般南方古猿有了本质的区别。猿人能用双手制造石器，显示手的发展有了质变的飞跃。这种质变当然引起脑部以及全身各部分的相应的发展。

中国猿人（全名为“中国猿人北京种”，或简称“北京人”）在我国的发现，是对古人类学的一个重大贡献，发现于北京西南周口店的石灰岩洞穴中。从1927年到1937年陆续发掘到头盖骨、下颌骨和许多牙齿及其他骨骼，中华人民共和国成立以后陆续有所发现。这些化石显示中国猿人头骨远比现代人低，头额向后倾斜，面部向前突出，眉脊高高突起，牙齿比现代人大而粗壮，脑量（1075毫升）则比现代人小，下肢骨基本上具有现代人的形式，前肢已发展为能制造工具的手，但股骨、胫骨的内部结构仍有若干原始性质，类似现代的大猿。

【对比】

将中国猿人和现代人进行对比，突出两者身体结构上的差异。

根据对猿人骨骼化石及和他们在一起发现的兽骨和石器的研究，中国猿人生存的时代属旧石器时代的早期，距今约40万年前。他们结成原始人群，生活在猛兽环伺的山林和原野中。他们共同制造工具（主要是石器），用以狩猎和防御野兽并采集植物果实，栖息在山洞内，已能掌握和使用天然火。

在我国陕西蓝田发现的中国猿人蓝田种的头骨与下颌骨，与上述中国猿人北京种基本相同，但蓝田猿人生存时期较早，距今约60万～50万年。

在外国，有在爪哇发现的爪哇直立猿人，在北非阿尔及利亚发现的阿特拉猿人以及在德国发现的所谓海德堡人等。根据目前的认识，他们和中国猿人的生存时期虽然可能有先后参差，但都属于大约50万～40万年以前的旧石器时代早期的猿人。

（三）人类发展的第三阶段——古人

【叙述】
介绍古人生活的年代，较之新人，他们的文化要原始些。

从体格的形态结构上来看，古人介于猿人与新人之间。在地质时代上，古人比新人早，生存的时代可能是在更新世晚期之初，距今大约10多万年以前，文化比新人原始，属于旧石器时代的中期。由于最早的古人化石是1856年在德国的尼安德特山谷中发现的，在人类学上常把古人化石统称为尼安德特人(简称“尼人”)类型。

【对比】
通过与猿人进行对比，更能突出古人的身体结构的变化和智力的发展。

根据典型的化石，古人的腿比现代人短，膝稍曲，身矮壮，弯腰曲背，嘴部仍似猿人向前伸出，也没有下巴的突起，所制作的石器比猿人的有很多改进，这说明古人的手部结构有了新的发展，因而更加灵巧，脑量(1350毫升)比中国猿人的大些，脑子的结构复杂些，具有比猿人更高的智慧，可能已经会取火，能猎获较大的野兽，并用兽皮制作简陋的衣服，和猿人相比，古人的劳动范围扩大了，生产力提高了。所有这些情况，都显示古人在发展的进程上比猿人又向前跃进了。

古人发明衣服和取火，是在人类发展史中继猿人创造石器之后的两件大事。因为，像我国关于远古的传说那样，“钻燧取火，以化腥臊”，就会扩大食物的范围；同时能制作衣服和随时随地能取火御寒，就能适应不同地区的各种气候条件，扩大了人类的活动领域，因而古人能分布在亚、非、欧广大地区。由于劳动协作的需要，在古人阶段的末期，应已具有形成原始社会的基本条件。由蒙昧的群居到社会组织的形成，是人类发展史上的一个非常重大的飞跃。

在我国已发现的古人化石，有广东曲江的马坝人，湖北西部的长阳人以及山西汾河流域的丁村人。这些化石的发现，显示当时华北、华南都有原始人类在生活着。马坝人和长阳人生活在江南时，江南气候温热湿润。在密林丛草中生活着大部分与现今在那里的相似的动物，如熊猫、犀牛等。丁村人生活在太行山西边的汾河流域，当时那里的气候比现在要温暖些，他们经常活动在汾河两岸的广阔地区，在那里制石器、取饮水、猎野兽。丁村人制作

的石器，比中国猿人时期有显著的进步，出现了比较精细的石器，制作石器的技术有较大的提高。

（四）人类发展的第四阶段——新人

新人是古人的后裔，但在发展上又有新的飞跃。这种飞跃首先表现在新人的体质结构和形态上，除去某些细节外，他们非常像现代人，已属于“智人”种，即现代人种。新人化石所显示的体质特征是：身材比较高大；四肢的特点是前臂比上臂长，小腿比大腿长；直立行走的姿势和现代人一样，不像古人那样弯腰曲背；颅骨高度增大，额部隆起，下巴突出；平均脑量与古人相同，但大脑皮层的结构更复杂化。

【对比】
通过对比，更直观地介绍新人身体的各个结构部位的特点。

新人开始出现于最近10万年之内，即更新世晚期的中叶，这时期的文化是处于旧石器时代的晚期。他们的分布比古人更为广泛，亚洲、非洲、欧洲、大洋洲和美洲，都发现了这一类型的人类化石。

【叙述】
新人进化程度更高于古人，生存能力更强，活动范围进一步扩大。

我国发现的新人化石，在华北有周口店的山顶洞人，在华南有广西的柳江人和四川的资阳人等。这些新人化石头骨显示黄种人的特征。在法国发现的新人称为克罗马农人，则具有某些白种人（欧罗巴人种）的特征。

新人的劳动经验和技能有了更大的进步，会制造复杂的石器和骨器，是机智的猎人。他们取火烤煮食物，大大地减轻了用嘴巴撕咬生肉时的用力，因而原来向前突出的嘴巴向后退缩，而在嘴巴下面出现了向前突出的下巴。山顶洞人的劳动工具有骨针，显示他们能用兽皮之类缝制衣服，比古人的那种简陋衣服应该有了改进。

由于劳动效率提高，新人开始能腾出时间来从事艺术活动。例如山顶洞人除制作劳动工具之外，开始制造比较美观的装饰品，如穿孔的小石珠、挖孔的兽牙、磨孔的海蚶壳和刻纹的鸟骨管等。这些艺术品的制作，需要较高的技术。在欧洲（法国、西班牙、苏联）曾在新人（克罗马农人）居住过的洞壁上发现以动物为题材的壁画。

【举例子】
以山顶洞人制作的手工艺品为例，说明新人的文化进程的发展。

从新人阶段起，现代各主要人种开始分化出来。例如上述在我国发现的山顶洞人具有黄种人的特征，是蒙古人种的祖先；在法国发现的克罗马农人具有白种人的特征，是现代欧洲白种人的祖先。

【知识拓展】

原子能：一般指核能。核能（或称原子能）是通过核反应从原子核释放的能量。

人类文化的发展，经过新人阶段的旧石器时代晚期以后，先后进入新石器时代及金属时代，愈到后来发展愈为迅猛。从新石器时代的开始到现在至多不过一万年左右，金属时代的开始到现在不过数千年，人们开始利用电能到现在不过一百多年，原子能的利用则仅是最近几十年的事；而新石器时代以前的发展阶段，则动辄以数十万年到千百万年计。由此可见，人类的发展不是等速度运动，而是类似一种加速度运动，即愈到后来前进的速度愈是成倍地增加。

【总结】

对人类文明的发展规律进行总结，指出人类的发展类似一种加速度运动。

【本文为《天文·地质·古生物资料摘要（初稿）》一书的第四部分。】

【名师点拨】

作者从原始生命谈起，接着谈动植物的大发展。由此我们能了解到古生物的发展规律，也就是达尔文进化论。最后作者讲述了人类的进化历程，以及人类文明发展的规律。对比其他物种，同样是在进化，人类能发展出文明关键在于脑部的发展。

【回味思考】

1.古人和猿人有什么区别？

2.新人和古人有什么区别？

冰川的起源

名师导读

大冰期是指在地球历史中发生的全球范围内的气温剧烈下降、冰川大面积覆盖大陆，地球处于非常寒冷的时期。大多数人听到大冰期的第一感受恐怕就是敬畏，那它到底是如何出现的呢？

地球表面之所以发生大规模冰流现象，有种种不同的意见。其中比较重要的有下面几种看法：

（1）由于太阳辐射热减少，以致全球表面平均温度下降；太阳辐射热增加，地球表面温度也就随着变暖。这种太阳辐射热增减的幅度并不需要很大，就可以产生冰期和温暖或炎热的气候条件。

【叙述】这种看法的关键点在于太阳辐射热起到了决定性的作用。

（2）大陆上升，气温下降，积雪扩大，形成相应广泛的冰流或冰盖。

（3）由于地球轨道的形状、地球自转轴对黄道平面倾斜角的改变和春秋推移现象的影响，地球接受太阳的热的总量和南北两半球接受的热量也因而改变，以致产生气候的变化，特别是南北两半球的气候差别。

（4）银河系旋转周期变更的影响。

【叙述】因受银河系旋转周期的影响，地球存在一个大气候的周期性变化。

（5）由于大陆漂流运动，在不同的地质时期，各个大陆块对当时两极和赤道的地位各有不同。每一个时期，各大陆块接近两极的部分，就成为冰盖形成的策源地。

（6）由于大气层组成的条件变化，例如有时含水蒸气、二氧化碳和微尘、粒子特多，就会在一定程度上妨碍太阳热直达地面，尤其是水蒸气特多的时候，大约有70%由太阳送来的热反射到空中去了，这样地面的温度就会降低。

还有其他的一些论点。现在，我们看一看上面提出的

几个比较重要的论点，究竟是否与地球长期以来发生了冰川活动的事实相符。

第一，太阳辐射热变化的论点。除了太阳黑子有一定的周期出现，因而轻微地影响地面的气候以外，没有发现任何可靠的理由来说明在地球漫长的历史时期，太阳有周期的或不规律的大量增减它的辐射热。

第二，大陆上升，当然会使大陆上升部分的气候变得更为寒冷。例如，有人认为，中国，特别是中国东部以及西伯利亚太平洋沿岸地区，在第四纪时代，平均高度可能达到海拔2000米以上。又如，在石炭纪与二叠纪时代，在印度半岛的中部，也是高原或高山地区，以致成为一个冰盖结集的中心，冰流向周围的地区流溢等。从这个论点出发，又向前推进一步，有些人认为，一次强烈的地壳运动，特别是造山运动的时代以后，就会来一次大冰期。这个论点，就某些地区来说，是可以作为进一步探索的基础，但远不能与全部事实对应。

第三，我们知道，地球轴像陀螺轴摇摆的周期那样，有一定的摇摆周期，这个周期是2.6万年。地球轨道的偏心率变化，是9.2万年一个周期。地轴对黄道平面的角差①，现在是23° 30'，在21° 30' ~ 24° 30'的限度内，一直经历着有周期的改变，这个周期是4万年。这些变化联合起来，就会使地球接受太阳的辐射热量发生变化，从而使地球表面的温度发生变化。有人使用这些变化数据的组合画出一条曲线，表示60万年以来（最近又有人把这个曲线延长到100万年以来）地球上温度的变化。从中可以看出，有一个长期的凉夏，以致在适当的纬度和高度的地区，冬天的积雪不致融解而形成永久的冰盖和冰流。又可以从曲线中看出，有几段较长的时期，即间冰期，夏季较热，以致冬季的积雪全部融解了。这种解说，可以勉强说明第四纪的冰期和间冰期的存在，但对那些更古老的冰期，在时间上的分布，就不相符合。

第四，银河系的旋转，大约2亿年一个周期，这又和三

【过渡】

自然过渡，承接上文，引出下文对上述论点的议论。

【举例子】

以部分地区的地势为例，说明部分地区因大陆上升出现了气候变冷的情况。

【列数字】

列数字能使要说明的内容更准确、更科学、更具体，让读者信服。

【知识拓展】

①黄赤交角是地球自转的轨道面（赤道面）与地球公转的轨道面（黄道面）的夹角，约为23° 26'，黄赤交角的变化范围在22 ° 00' ~24° 30'之间。

【叙述】
银河系的旋转周期太过漫长，与冰期的间隔时间对不上。

大冰期以及更古老的冰期之间相隔的时间不符。

第五，如若把非洲、澳大利亚和南美洲向南挪动，靠近南极大陆，可以说明上古生代大冰期中，这些大陆南部都发生了冰期，但如果像有些人所主张的那样，还要把印度的北部从西藏底下抽出来，再把整个印度送到南极大陆附近去，从大陆构造的一般规律来看，就太玄妙了。

【议论】
作者用假设分析法展开议论，指出了第六条理论的漏洞。

第六，大气层中的水汽，主要是由于陆地的水分和海水的蒸发而来的，也许可能有一小部分是由太阳发射质子向地球冲击，与大气上层的氧气遭遇而形成的。同时，在80余千米的高空中出现云层，构成这种云层的水分，其来源似乎与普通降雨的云层有所不同。大家知道，水是由氢和氧化合而成的，如若太阳发射质子轰击地球果真是事实，那么这种情况，在地球漫长的历史过程中，就不是时不时，而是会继续不断地出现。这样，大冰期就无时间性。那些大气层中的二氧化碳，主要是生物供给的，小部分是由火山喷出来的。有人强调，过去火山爆发，从地球喷出大量的二氧化碳，给了生物滋生的条件，形成了例如石炭纪与二叠纪的煤层。但是，从地质上找不出这种迹象。因此，这个论点是不能成立的。

宇宙微尘粒子存在于天空中，确是事实，在大洋底某些地方的一层极薄的红泥中，有一极小组成部分，来自宇宙空间，但它的降落不是时多时少或具有间歇性的，而是具有经常性的；也很难设想，在冰期时代，由宇宙空间忽然来了大量的宇宙微尘，以致大气层遮断太阳辐射热的作用，发生了巨大的变化。

【总结】
通过上述议论，得出“冰期究竟是怎样产生的”这个问题暂时无法解决的结论。

看来，这些论点都不能解释冰期的出现。冰期是有时间性，但没有一定的周期。现在看来，冰期究竟是怎样产生的这个问题还没有得到解决。

有人从海洋方面，获得了海水和气温有关的一些现象，有人对气温和海水的温度，从古生物方面获得了一些有关的“证据”，这主要是根据孢粉和古代植物的残迹以及氧16和氧18两种同位素成分对比的鉴定，得出了比较

可靠的结论。通过这些方法所获得的结果是：在侏罗纪时代，某种海生碳酸盐介壳中所含的氧同位素的比例，证明在侏罗纪时代全世界海水的温度是比较温暖的，到了白垩纪时代，平均温度稍低，但还没有降到结冰的程度。这样看来，海水在侏罗纪以来囤积了大量的热，估计至少在最近5000万年的时期是这样。但是，到白垩纪的后期，海水的温度逐渐降低，到了第三纪的时候，还在继续下降。在太平洋底采取的有孔虫化石，从阿拉斯加、西伯利亚海底，一直到太平洋赤道附近的若干地点所取得的样品，都同样表示海底温度继续下降的趋势。到第三纪的末期，太平洋海底的温度接近于零度，这时候正是第四纪大冰期将要开始。这些事实，从海洋方面提出了一个新的问题：海水失掉热量，继续冷却，和第四纪大冰期的出现，究竟有无联系？

【叙述】
讲述海水的温度在各时代的变化。

对这个问题，多数人的意见是肯定的，并且有些人还提出了发展的过程。他们认为，在北极圈的范围以内，由于北冰洋周围都是大陆，仅仅在格陵兰和西北欧大陆之间与大西洋相通，在亚洲与美洲大陆之间，白令海峡可能也是通向太平洋的通道。北冰洋在这样一个半封锁的情况下，其洋面由于缺乏潮流的循环，它的表面就比较容易结冰，一旦结了冰，冰面对太阳热的反射作用，就必然加强。这样它下面的海水，就形成一股冰流向大西洋和太平洋方向流去，使得大西洋和太平洋北部的海水逐渐变冷。这样下去，在这两个海洋北部邻近的地区，就创造了形成大规模的冰盖、冰流的必要条件：一是温度下降的程度和范围逐步扩大；二是有两个海洋供给充分的水分，使大陆上得到充分的降雪量。

【过渡】
承接上文，引出下文关于发展过程的讲述。

【叙述】
指出形成大规模的冰盖、冰流的两个必要条件。

按这样一个发展的过程来说，第四纪的大冰期，在北半球是由冻结了的北冰洋、格陵兰及其他邻近北冰洋、北太平洋、北大西洋地区开始的。这个推断，大体上与事实相符。在南半球，因为有一个南极大陆，四面为大洋所围绕，在那里形成大规模冰流、冰盖的上述两个条件早已存在，因此大冰期在南极大陆的开始应该更早一些。事实上，在格雷厄姆（南极半岛）早已发现了第三纪初期即始新世的冰碛物。这就更进一步加强了上述对第四纪大冰期发展过程的推断。

【设问】
吸引读者注意力，引发读者思考，强调接下来要说明的内容。

这样一个第四纪大冰期发展的过程，是不是无穷无尽继续往前发展？不是的。一个有趣的自然现象就在这里，当冰盖和冰流扩大了它们的范围，必然引起冷而干的气流向外扩散，以致冰前的海域和地区温度继续降低，降雪量减少，由于缺乏给养，冰盖和冰流就不得不后退，就是说，冰盖和冰流的发展达到一定的程度，就会产生消灭它自己的倾向。自然界有不少的事例，表明由于它自己的发展而归于毁灭。因此，上述论点，可以说是符合自然辩证法的。

【叙述说明】
强调局部冰流泛滥的现象和大冰期现象存在本质的不同。

地球上有许多局部地区，在不同的地质时代，发生过局部冰流泛滥的现象。这些由于局部的地质、地理条件所引起的冰流泛滥现象，与全球性或地球上广大面积陷入冰天雪地的景象意义迥然不同，那种局部发生冰盖或冰流的原因，应该从它们发生的地区和时代的古地理、古气候以及当时、当地的地质条件中去寻找，而大冰期的来临必然影响全球，是地球发展史中不可忽视的一件大事。

本篇撇开了局部冰流泛滥的问题，仅就大冰期的出现汇集了一些有关的资料和论点，其目的是企图阐明地球作为一个整体，在这一方面——主要是气候方面的经历，与它在其他方面的经历做个对比，以便寻求地球全部的历史发展过程。遗憾的是，在这一方面我们获得的成果还是很有限的，还有大量的工作有待于今后的努力。

【总结】
对上述议论进行总结归纳，便于读者阅读理解。

为了总结经验，删去烦琐，现在把本篇中提出的一些重大问题，归纳为以下几点：

（1）地球存在的漫长历史过程中，反复经过几次大冰期，其中最近的三期都具有全球性的意义，时期也比较确定。这三期就是第四纪大冰期、晚古生代大冰期和震旦纪大冰期。震旦纪以前，还有过大冰期的反复来临，但时代不大明确，证据有时也不大清楚。

(2)每一次大冰期中，都有冰盖和冰流扩展和收缩或消失的现象相间，分为几个亚冰期和间冰期。亚冰期是气候寒冷，降雪较多，冰层积累较厚，冰盖和冰流扩展的时期；而间冰期是气候温暖甚至炎热的时期，在间冰期中，冰盖和冰流收缩，甚至大部分消失。

(3)在三大冰期的时期，都有生物存在。虽然在震旦纪时代，只见有原始藻类繁殖的遗迹，而其后发生的两大冰期时代，都有高级生物继续生存，这就证明冰期时代，地球表面温度下降的幅度，并未大到使生物全部灭亡的程度。

【叙述】

说明大冰期并不代表着生物灭绝的大灾难。

(4)第四纪和震旦纪大冰期都是全球性的。但晚古生

代的大冰期，普遍影响了南半球；在北半球，只在印度留有遗迹，而印度，有些人认为是从南半球漂流来的。

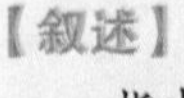

指出这一问题还有许多不确定因素，无法给出最后的结论。

(5)最后三大冰期，显示规律性不强的周期性，每两次大冰期之间，相隔2.5亿～3.5亿年。似乎有一种倾向，越古老的冰期，相隔时间越长。

(6)冰期的起源，看来是由一些非周期性的因素和一些周期性的因素复合起来而决定的。在这一方面，还有待于投入大量探索性的工作，才能做出最后的结论。

【本文为《天文·地质·古生物资料摘要（初稿）》一书中第五部分的第四章。】

【名师点拨】

关于大冰期出现的原因，作者在本文中介绍了科学界的六种看法，并分别展开议论，指出了这些看法中的漏洞，得出这些论点都不能解释冰期出现的结论。作者转而介绍科学界从海洋方面作为切入点的其他看法，遗憾的是，在这一方面获得的成果还是很有限的，还有大量的工作有待于今后的努力。

【回味思考】

1.宇宙微尘粒子的降落有什么特点？

2.哪些条件的出现能引起局部冰流泛滥现象？

地质力学之基础与方法

名师导读

地质的变化不仅涉及了地质学的知识，还与其他学科的知识息息相关，因此许多时候单凭地质学家来研究，是无法彻底解决地质问题的。地质的研究复杂在何处，又该怎么研究呢？

做科学工作最使人感兴趣的，与其说是问题的解决，不如说是问题的形成。任何一个实际问题很少是单纯的，总要对于构成一个问题的各项事物，实际上就是代表事物的那些词句的意义，和那个问题展开的步骤，有了正确的认识，方才可以形成一个问题，做到这一步，问题可算已经解决了一半。

【设置悬念】为什么会有这种说法呢？调动读者好奇心，引出下文的解释。

无论向宇宙或者向我们自己，我们不难一口气发出许多问题，不一定都具有独立而明了的意义，也许有些根本就不能成立。“今登高山而望群山皆为波浪之状，便是水泛如此，只不知因什么事凝了。”朱子用了山、水、波浪、泛、凝等项代表事物的词句，将他的问题这样展开，在770多年以前，已经见到如此地步，实在令人敬佩。可是从近世地质学的需要看来，又未免觉得问题的构成和展开不能这样笼统含糊。

【引用】以朱子的话为例，说明许多问题的含义比较笼统含糊。

经过100多年的地质工作，尤其在最近三四十年中，这一类的探求确实发展了不少，引起的纷争也不少，虽然近世地质学人探求的方式比起朱子的方式要仔细多了，切实多了，然而说到怎样才算是正确的方式，仍然不免茫然。

这所谓造山运动所含的各项现象，并不仅关系山脉的造成，一切陆地运动的原因和结果，换句话说，一切岩层、岩体变动的原因和结果，都不免牵扯在一起，困难不一定

【叙述说明】指出问题的复杂性，说明山的形成并不是单一因素造成的，而是会牵扯到诸多地质现象。

在于这些现象本身性质复杂，不容易拿住要点，而往往在于因为复杂的关系，构成一个问题的各项事物穿插到普遍认为毫无关系的学科范围。比如地质学，人们自有他们传统的工作方式，要他们去研究物性力学，再来改订他们的构造地质或动力地质的问题，正和要大地物理学的人们切实去研究各种形式的地质构造和各种岩石的性质再去提出他们的物理性质的问题一样困难。就一般而言，要站在不同的立场，用彼此不共通不习惯的名词所代表的各项观念来形成一个问题，当然不太容易。可是事实上一切岩层、岩体变动的痕迹，很明显地关系地质构造，同时也关系物性，如果硬要把有关两方面的一个问题斩为两节，把这一节交给物理学人，那一节交给地质学人，那么，谁配开

【叙述说明】

说明地质变化涉及了地质学和物理学，很难将其拆分开来研究。

刀？况且事实多半不是那样简单，不见得处处都能干脆地一刀两断。反过来说，要把地质构造学建立在稳健的基础上，我们看不出在哪一段落可以避免物性力学的分析；又假如要避免一般所谓地质物理问题变成了空洞的算学或物理学的习题，我们也没有理由漠视岩层所经过的种种变动。在这种需要之下，只有打破科学割据的旧习，做一种彻底联合的努力，方才有解决这类问题的希望。

【名师点拨】

作者首先强调了许多问题的复杂性，以造山运动为例加以说明，指出山的形成并不是单一因素造成的，而是会牵扯到诸多地质现象。地质学家们要面临的很可能不只是地质学的问题，他们还要设法研究各种物理性质，这样很显然不合适。所以作者在最后发出呼吁，建议大家打破科学割据的旧习，联合起来解决问题。

回味思考

1.作者为什么佩服朱子？

2.岩体变动关系到哪些学科的知识？

沧桑变化的解释

名师导读

人们常用“沧海桑田”一词感慨世事变化之大，这个词在地质研究者眼中又有不同的含义。不过，在地球的地质变化史上，沧海桑田的变化显得太普通了。

前几天在彭公庙的路上，遇到一位老者问我们做什么。我说是看看地。他问：“地下有宝吗？”我说：“或者有，或者没有。”他又问：“能看好深？”这句话骤听起来，似乎可笑，然而实际含着精微的哲理。我们为什么要看东西？是要得到认识，认识愈真切，便是看得愈深。譬如我们平日看到好多东西，就说这个花木，如花是红的，叶是绿的。或者看见朋友，认识他，认真点儿说我们只认识他的外表，事实上未必认识他的人格、他的个性。夫妇之间算是最亲密，亦有时彼此不认识心性。又如房屋，只认识其轮廓，实际内容如何，尚不得知。刚才老人的话，看起来很普通，其实很有道理。看地质的人，就是想往里看，往深看。然而究竟能看多深，便要问地质科学进展之程度和看者个人的造诣。

【设问】引起读者的注意和思考，点明看东西更深层次的目的。

【叙述说明】对“如何看地质，又能看多深”这个问题加以说明。

地质学探讨的问题，大致可以说，是探讨沧海桑田的变化是桩什么事。沧桑变化是一段神话，似为无稽之谈，研究地质以后，才知道有相当的道理，才能做一个解答。即在地质学发达程序看起来，沧桑之变化是研究得比较早的。在中国宋朝的朱熹就有研究。看《朱子语录》，他说，你在山上石中时常可发现介壳，如螺丝蚌蛤，这都是生长在水中的，居然发现在高山上，包含着现在的高山有个时期处在水中的意义。又说，好多山头有波纹状况，如水的

【叙述】叙述《朱子语录》中关于地质的内容。

波动，好像这山头是在水中造成的。这些话都算认识不差，《朱子语录》有这些话，足以证明沧桑变更之认识，朱子恐怕要算第一人，也就是世界上第一个地质学家。古希腊的学者，对于地质只有片段的记载，既无事实证明，也没有具体的考察，所以朱子研究地质学，在世界上最早。朱子以后，为意大利人列奥纳多·达·芬奇(Leonardo da Vinci)，他是画家、音乐家，也是文学家，是15世纪的人，正当我国明朝时候。他常到野外去，发现许多化石，他的研究比朱子还详细。此后讲地质学者，日渐增加。18世纪末，西欧文化日渐进步，就是现代科学的嚆矢。18世纪末研究学术者甚多，有许多人研究地质学。他们研究的方法有两种：一条路是研究动植物的，另外一条路是研究矿物的。因为石中有结晶体，如四方形、六方形、长方形，以及其他多面形等，每种矿物结晶形，给予一个名称，逐渐发展为矿物学。研究动植物的人，虽然不都研究化石，然而化石就是生物的遗骸，是在石中成形的。所以要研究生物的演变，化石是不可少的。第一条研究矿物的路，直至现在还继续下去，不过方法更精明、更进步罢了。第二条研究化石的路，经过许多阶段。这都是学术上的变迁，对于沧桑的认识，关系很大。这里也分为两大派：一为法国学者，如居维叶(Cuvier)等生物学家。要知道古代生物成千累万，而埋在石中者，例如介壳类、有脊椎动物类，在石中所找得到，现今大都不生存，这是什么道理？居维叶以为地球上常有洪水发生，每次洪水均有极大摧残与破坏，每经一次洪水，陆上生物死了个干净。再过一个时期，又出现一些新的生物，如是者若干次，所以说，古代生物与现代的生物不同，就是洪水的缘故。又一派主张生物逐渐演变，无需洪水，如英国学者达尔文(C. Darwin)等，就是这一派的中坚分子。如古代的小马巨象，其各部分逐渐变更的情形，大半都由化石中可以寻出，所以生物逐渐进化说得以成立。地质上的现象，逐渐演进，也因之渐形确定。此两派学者斗争至烈，到19世纪大家都知道居维叶的主张是

【叙述】
指出18世纪末地质研究者们研究地质的两种方法。

【叙述】
指出18世纪末关于古生物演变的两派理论。

不对的，而渐进说是对的，是合理的。

从矿物的方面出发，也有两派斗争：一派为英国人，重要者如赫顿等，其重要主张，石头系火山爆发所致，如熔铁炉一样，石头在1000余摄氏度时大都熔化，到几百摄氏度便凝固了，这就是火成说。另一派为水成说。就是有如干土、泥沙、石，因在水中，故成层次，一层一层的，重重叠叠。我们假想河流挟泥沙冲入海中，平平地积成一层，设若另外一次水冲来，又成一层，像这样经过若干次，便成层叠不穷厚大的石头，这就是水成说。主张水成说的大部分是德国人，如维尔纳等。后来研究者根据事实，搜集证据，证明水成说是对的。两派学者均能解释沧桑变化一部分的缘故，就是一大部分是水成岩，一小部分是火成岩。现在已证明这是合于事实的。这两大重要学说经过事实证明，已毫无疑问。

【叙述说明】对“火成说”和“水成说”两种学说理论进行简要说明。

生物是逐渐进化的，岩石是大部分在水内成功的，小部分是火山喷发的，已成定论。掘地考古，果如老人之言，看入愈深，则认识得愈多，故可钻地成孔，向下看，越深越好。不过这太笨了，这笨法子实际并不能用，若在大海中，不是十分的困难吗？如岩石是一层层平铺的，在陆地上倒不成问题，是很简单的。事实上岩石并不是平铺的，而是褶皱的、倾倒的、错乱的。故勘查地质者，如此更为困难。解决的方法，就靠生物的方法，以生物之进化程序来决定某代有某生物，拿这方法来研究，还是不够。另一方面就要拿构造的方法来补充。譬如一部未装订的、错乱的、残缺不全的《二十四史》，整理的方法乃清理褶皱似的，把它一页一页拉平，另一方面就是按字索时，如有曹操字句者，入《三国志》；有朱温字样者，入《五代史》；或根据某一事实之记载入某史。此即根据化石的方法和地质构造的条理。做地质工作者正如是，地质学之方式亦如此。现在另有一问题，即所找者为何物，并不注意它距今有若干年。如《二十四史》学者亦不注意距今的年月，大概拿朝代年号来区分就够了。地质亦如是，石炭纪、二叠纪、三叠纪、

【叙述】指出岩石是如何生成的，给出了肯定的结论。

【类比】以整理史书的方法进行类比，便于读者阅读理解。

侏罗纪等来决定。正如朝代一样的，由某纪即可追寻它在时间上的次序。但一般人士于此不大熟悉，犹如乡人不知道朝代一样。若追索年数，最可靠的方法，是拿放射矿物来研究，放射性的爆裂是不受温度和压力影响的，按它的爆发之结果，来决定年代，这方法很有成效，如石炭纪距今约为五百个百万年，侏罗纪为两三百个百万年。地质学是以百万年为单位的，时间好像过长，但学地质的是感兴趣的，好像麻姑所说的沧桑之变，是实有的事。不过沧海桑田，太普通太易见了，倒不足为奇。不如说是山海变更，更觉彻底，更显利害，更能得到重大结果，更表明变化的重要阶段。

【叙述说明】
说明如何通过研究放射矿物来判断年代。

造山运动的解释，近二三十年才达到重要的阶段。因为利用物理学尤其是力学上的原则来研究，已脱离渐变说急变说的幼稚言论。

中国的山脉是不乱的，有系统的，最有系统的是东西线。这种东西线的山脉，每两条相隔纬度大约8°，即约800千米。这种情形全世界都有。唯在欧洲有国土的限制，故难有显著的研究。另一种为弧形山脉，我个人称它为“山”字型山脉，因为像个山字。如湘南系，从资兴至郴县苏仙岭、临武香花岭，而至都庞岭，中间一直就是衡山、阳明山、九嶷山，故两边有耒阳、祁阳、道县等平原。两端各有一反射弧，资兴正在反射弧形之中，彭公庙及酃县(现为炎陵县)边境应在反射弧形之顶。故昨天到彭公庙酃县边境去看，果然不错。明日还要到青要铺去看反射弧形之自然转弯现象。在青要铺，一定可以看到。主要的，反射弧形均朝向赤道，美洲、欧洲、非洲都是这样的山。个人的意见，解释这种弧形构造的生成，似乎与地球的自转速率有关。假定地球愈转愈慢，则甚难解说此现象。若地球愈转愈快，则因离心力水平分力的关系，部分移动，便成向着赤道地壳表面褶成山字型的现象，又假定转动愈快之后，便成大陆分裂现象。例如南北美洲因为赶不上速度，便逐渐与欧非大陆脱节。这里有许多证据，例如有种种不能渡海的陆上生物，在非洲也有，而在美洲也有。

【举例说明】
以湘南系山脉为例，对弧形山脉的特点加以说明，更容易被读者所理解。

【叙述】
指出弧形山脉的朝向存在一定的规律，可能与地球的自转速率有关。

【举例子】

以南北美洲与欧非大陆脱节为例，论证自己的猜想。

故可证明美洲原与欧非两洲连贯。后因不能追上此转运之速度，美洲遂致落伍而脱节。根据此种说法，可说明大陆之成因、山字型山脉之成因，此种说法正在萌芽，若非战事发生，恐10年内便可得到定论。将来这种说法成定论之后，便能解释地质上许多问题，并可解释沧桑变化的道理。

【名师点拨】

文中介绍了过去的地质学家们研究地质的根据，给出了一条定论：生物是逐渐进化的，岩石是大部分在水内形成的，小部分是火山喷发的。作者运用类比和举例的手法，让文章观点更有说服力，更容易被读者所接受。

【回味思考】

1.作者认为世界上第一个地质学家是谁？

2.中国的山脉分布有什么规律？

人类起源于中亚吗?

名师导读

人类起源于哪里?人类的祖先是何模样?大多数人的第一想法就是人类的祖先与猴子有关。那实际情况是怎样的呢?许多学者们就此展开过推测,本文就布拉克的理论进行了议论。

近几年来,因为美国纽约天然历史博物馆的第二次亚洲探险队,在内蒙古和天山北路一带,发现了许多爬虫和哺乳动物的遗骸;并且证明北美洲古代的爬虫有许多是亚洲种的后裔;一些研究高等动物进化程序的人,愈觉得中亚是大多数高等动物发祥的地方。人类学者对于此种发现,尤觉饶有趣味。就是第三次亚洲探险队的领袖安竹士氏自身,也曾再三声明,说他们到内蒙古最大的目的,正是想证明这种假定根本没有错误。他们还抱着极大的希望,去找人类始祖的遗骨。

【叙述】介绍美国探险队在我国内蒙古和天山北路的发现,以及他们得出的猜想。

中国领土内的发掘事业,是不是应该烦外国人代劳,第三次亚洲探险队的目的,是不是纯粹限于科学事业,我们虽不敢断言,但是,我们可以说,他们的工作,对于哺乳动物和人类的发展史的确有不少的贡献。从他们过去的成绩,不难推测他们工作的情形和他们主要的目的。

【叙述】对这些探险队做出的贡献表示肯定和赞扬。

提起人类起源的问题,除了无知无识者和一些宗教家外(特别自称为原教旨主义者Fundamentalist),恐怕没有多少人不联想到猴子的身上去。可是猴子的种类很多,各种猴子与人相比差别的程度也不大相同。达尔文曾经说过,最高级的猴子与最低级的猴子相比,它们的差别,恐怕较最高级的猴子与最低级的人类的差别还要大。所以考察人类的起源,在一方面固然可以从人类自身追溯,而另一

【叙述】指出考察人类起源时要顺带研究猴子进化的历史。

方面还少不了要查猴子进化的历史。在现在这个世界上生存的猴子,种类已经不少;还有许多种类,早已灭迹了。所以我们如若想研究猴子的发展史，除动物学上的工作外，还得要借助古生物学。北京协和医学院的布拉克(D. Black),最近在中国地质学会会志第四卷第二号上,发表了一篇文章,搜罗一切关于古代猴子分配的事实,并说明其如何分配的原因，颇得要领。凡属留心人类起源者,似乎不可不一读。

【叙述说明】
对布拉克的这篇关于人类起源的文章加以简要说明，为下文做铺垫。

布拉克的讨论,共分三步。第一,由现今世界的地势总说猴子与猿人传播的情形。第二,从古代的地势观察它们传播的程序。第三,论及古亚洲大陆(Pal-Asia)的形状组合对于猴子的进化及其传播应有的影响。

在第一步的讨论中,布拉克根据莱德克(Lydekker)和马太(Mhtthew)的意见将赫胥黎(Huxley)所谓大北动物区域(Arctogaea)及大南动物区域(Notogaea)分为五大区:①全北区(Holarctic),包括北亚、中亚、欧洲全部、非洲北部、美国的大部分及墨西哥的北部;②远东区(Oriental),包括中国南部、印度及南洋群岛;③南非区(Ethiopian),包括非洲中部、南部及马达加斯加群岛;④澳大利亚区(Australian);⑤新热区(Neotropical),包括北美洲中部及南美洲全部。

现在生存于这些区域的猴子以及在这些区域中已经发现的猴子化石，种类虽然不少，但其中最显著的分配，都有一个相同的系统。例如狐猴类(Prosimiae)中现在生存的各种,几乎有一半都限于马达加斯加群岛;其余有若干分布于非洲大陆,若干分布于远东区的东南境。而在此二区域生存的狐猴，不仅无同种，并且无同族，证明它们共同的祖宗,必定久已消灭。在全北区中,现在绝无狐猴。可是在中国北部以及北美洲、欧洲都有初级狐猴生存的遗迹。那些初级的狐猴,皆属于古新乃至初新时代。就进化的阶段讲，它们发育的程度，大致相等；而它们一部分散布于美洲的北部，一部分散布于欧洲，无怪乎马太、斯特苓等人相信此等猴类,必有共同的祖先,那些祖先发祥之

【举例子】
以狐猴类为例，指出许多猴子都有一个相同的系统，它们可能有着共同的祖先。

地，应该在欧洲与北美洲之间某处，中亚恰合这种条件。

布拉克又说及广鼻猴类（Platyrrhine）。这种猴类的分布，全限于新热区。它们与人类的起源无关，兹不必说。与人类有直接关系的猴子，乃是狭鼻猴类（Catarrhine）。其中猕猴（Cercopithecidae）、人猿（Simiidae）两族，与现今人类的发育最有关系。

【叙述】
指出与人类有直接关系的猴子是狭鼻猴类。

猕猴可分为两亚族。其一体格较小，又称为小猕猴宗（Semnopithecinae）；其他体格较大，可称为大猕猴宗（Cercopithecinae）。古代小猕猴的遗骸，曾经发现于波斯、希腊、意大利及埃及等处。它们都属于次新（Miocene）及更新（Pliccene）时代。现今的小猕猴，分为两支：一支无拇指，分布于非洲；一支所谓天狗猴（Nasalis）类，其分布限于远东区。俾路支到红海一带，绝无小猕猴的踪迹。所以，从小猕猴在古代及现在分布的情形看起来，布拉克唯有假定中亚为其发祥之地，才可说明其连续传播的事实。从大猕猴在欧亚非三洲分配的情形推论，布拉克得了同样的结案。

【叙述说明】
说明布拉克的理论的合理之处，猕猴的分布规律便是一大依据。

说到人猿族。此族中现今存在者，有长臂猴（Hylobate）、大猩猩（Gorilla）、山般子（Anthroropithecus）、西猕猩猩（Simia）等类。其中大猩猩及山般子的分布，限于非洲赤道一带。长臂猴和西猕猩猩都在远东区的热带附近，如中国云南、琼州以及南洋群岛各处。这四类猴子，就其身体的构造而言，长臂猴最特别。大猩猩和山般子颇相类似。西猕猩猩与前说两类比较，相差颇大。所以布拉克推测人猿族的祖宗必定发祥于非洲与远东区之间的地域，而且必定经过长时间的变化，它的子孙才发生今天体格上的差异。布拉克这种断定，有许多初级人猿类的化石可以佐证，那些化石产于印度的北部及欧洲的南部。他们都属于少新及次新时代。其中最有力的佐证，是有许多事实，表示欧洲的初级人猿，比他们在印度的同类，离祖宗发祥之地较远。

【做比较】
对这四类猴子的身体构造进行比较，简洁明了。

在第一步讨论中，布拉克最后提及各色人类的分布，

其中有三点足以使我们注意:①一切现今的初级人种(Protomorph),如日本之虾夷、非洲之学江(Fuegian)、南美洲之博托库多(Botocudos)都分配在全北区的边陲,或其附近。②现今已经发现的猿人化石,在东方的要算爪哇直立猿人(Pithecanthropus erectus),在西方的要算皮尔当人(Piltdown Man)及海德堡人(Homo Heidelbergensis)。这两批人类几乎同时传播到欧亚大陆的两端。大概第四纪的初叶——但是严格地讲起来,爪哇直立猿人到爪哇的时期,稍许在先。皮尔当人和海德堡人到欧洲的时期,稍许在后。③在爪哇曾经发现澳大利亚人的祖先。这些事实仿佛都表示人类的传播,都是由亚洲的中央向四面八方移动的。

【叙述】
指出在人类的传播进程中,爪哇直立猿人出现在爪哇的时期要早于皮尔当人和海德堡人到欧洲的时期。

布拉克立论,完全根据马太意见。马太说:"无论什么是使一个种族进化的原因,在那个种族发祥之地(也可说是他传播的中心),他的进步常常最快;并且在同地因其环境的变更继续进步。每次进步,必致较高级的种族向外传播,仿佛波浪。所以在一定的时候,最高级的种族,离传播的中心最近。最守旧的种族,离传播中心最远。"根据这种意见去看以上所述各项事实,我们似乎不能不承认布拉克的结论,那就是自第三期的初期以至近代人类发生之日,中亚为大多数高级动物发祥之地。

【叙述】
介绍马太关于人类传播和人类进步快慢的联系的理论。

布拉克第二步的讨论,是利用葛利普最近所编的古代地势沿革图。葛利普的地图,是专从无脊椎动物的分配上研究得来的。然而他所表示的海陆变迁,恰与布拉克理论上所要的条件相合。即此一端,愈觉人类起源中亚之说可靠。

布拉克第三步立论,多为他个人的理想,待证实的点颇多。现在我们在此似乎不必详论。

【叙述】
作者指出布拉克的第三步立论疑点太多,暂时不必详论。

【李四光.人类起源于中亚么?[J].现代评论,1926,3(78):4 — 7.】

【名师点拨】

布拉克关于人类起源和传播的讨论分三步，作者主要就布拉克的第一步讨论展开议论，向读者说明了猴子与猿人传播的情形。通过议论，作者认为布拉克第一步的结论是有足够根据且让人找不出疑点的，即中亚为大多数高级动物发祥之地。

【回味思考】

1.布拉克认为人类起源于何处？

2.马太认为人类传播和人类进步快慢存在什么联系？

地史的纪元

名师导读

地壳的发展历史简称地史，地史学上地球的年龄应从海陆划分时算起。划定了年限之后，该如何计算这个年数呢？根据沉积物计算地史年龄的方法广为人知，这种方法得出的结果是否准确呢？

听说去年乔利(J. Joly)教授在牛津大学讲第二十七次波义耳讲演(Robert Boyle Lecture)时，又提起地球年龄的问题。乔利对于这个问题素有研究，并曾专门出书讨论。此次讲演，想必更有新发明，可惜我们不能当场领教，而且连他的讲稿亦不曾看过。直到现在，我们在今年(指1926年)4月出版的《自然》上，看见霍姆斯(Arthur Holmes)对于他批评的文字，才知道这个半生半死的问题，近来在西方又复活起来了。

【开篇入题】开门见山，通过一则消息引出本文的主题，直接明了，入题自然。

头一件事令我们注意的，就是乔利此次提出讨论的题目。从前关于这一类的讨论，一般科学家所用的题目，都是“地球的年龄”。乔利此次不说地球的年龄，而说“地史学上地球的年龄”。这种命题，的确可以免去一般人的误解。历史学家从事实上不能不把人类的历史分为有史以前和有史以后的两段，地史学家似乎也应该把有地史(指有地史的遗迹而言)以前和有地史以后的时期分为两段。在前一段时期中，地球经过何等的变化，经过若干年代，依我们现在的知识看来，谁也不敢断言。地球究竟是如何产生的，还是一个悬案，怎能大言不惭地去说地球的年龄。

【叙述说明】对乔利教授演讲的中心主题加以说明。

地球前半的历史，固然现在还是一笔糊涂账。但是自从海陆划分以来，至少地面上的变更，确实有许多遗迹可考。这个海陆划分的时期，可算是地史发端的时期。乔利

【叙述】指出地史学上地球的年龄应从海陆划分时算起。

所说的地史学上地球的年龄，也就是从这个时期算起。

前已说过，我们是未曾读过乔利的论文的人。我们当然不敢妄发议论，批评乔利的长短。但是霍姆斯也曾著了一本书，专门讨论地球经过的年代。他在《自然》上对于乔利教授的批评，对与不对，我们虽然不便加以严格的判断，但是他所发表的意见，的确可以供我们参考。

在介绍霍姆斯的意见以前，待我先把关于计算地球年龄的几种重要方法略述一次：

【叙述】介绍汤姆逊根据地球的热状来计算地球的平均年龄的方法理论。

(1)根据地球的热状。在各种方法之中，恐怕要算这种方法最老。汤姆逊(Thomsom)首先提出。汤姆逊假定地球最初为一团热汁。这团热汁，渐渐冷却，必定发生对流(Convection)现象，使中心与表面的温度大致相等。等到全体凝结成了固体，它的温度才能下降。历时愈久，表面与中心的温度相差愈大。换一句话说，地球自从凝结成了固体以后，它全体便不能保持平均的温度，愈到内部愈热，愈近外面愈冷。在一定的时期，一定的地点，温度的变更率(Temperature Gradient)、传热物质的密度、比热及其传热率有一定的关系。那种关系，可以用傅立叶(Fourier)的方程式表明。现在地球表面上温度的变更率、各种岩石的平均密度、比热以及传热率，都能进行实地的测验。所以只要知道地球凝结时的温度，我们应该可以算出造成现今温度变更率所要的年代。汤姆逊假定地球当凝结时的温度为华氏7000度，即摄氏3871度，算出的结果，得地球的年龄96兆岁。汤姆逊正在那里自鸣得意，忽然翻出一群地史学上的事实，证明他的地球未免年纪太轻了！

【叙述】介绍汤姆逊的假定条件，以及他由此算出的地球的年龄。

这种方法的缺点是显而易见的。不用讲，我们不能假定地球的过去，有一个时期全体固结，全体温度平均。就是现在除了极肤浅的壳子以外，我们并不敢断定它是什么物质造成、呈什么状态。况且有许多放射元素——至少在地壳中——不断地供给热量。假若放射元素在地中分配的情形与在地面相似，据计算的结果，地球的温度不但不能减少，还应增加。对于汤姆逊的大作，我们似乎不必再客气了。

【议论】对汤姆逊的理论展开议论，指出其中的漏洞。

（2）根据地层的总厚度。这种方法，也是很老的。它的原则极为简单。我们都知道地面的岩石，有一部分是由泥土、沙砾固结而成。那些泥土、沙砾之所以发生，大半是因为已成的岩石受了风雨的摧残，经过河流的输送，而沉积在湖海里的。在沉积时，虽是杂乱无章的泥沙，而历时甚久，就变为层层垒叠的岩石。自海陆划分的时期至今日，陆地受风雨的剥蚀，并未停止。所以水里的沉积物，也是层复一层，不断地增加。现在假如知道地球上沉积岩层的总厚度，又知道每年沉积的厚度若干，用后者除前者，应该得出地球自海陆划分以来的年数。

【叙述说明】

说明如何根据沉积物计算地球自海陆划分以来的年数的方法。

这个方法，在理论上再简单不过。可是在事实上，则大谬不然。因为关于除数和被除数的调查或计算，都是大费工夫。那些难处，我们不必一一从理论上讨论，单看下表中所列各家计算结果相差之远就够了。

调查人	岩层总厚度	每沉积一尺厚度所要的年数	年龄
赫胥黎	100000英尺	1000	100兆
赫　顿	177200英尺	8616	1526兆
拉巴朗	150000英尺	600	90兆
格　基	100000英尺	730至6800	73至80兆
索拉斯	256000英尺	100	26.5兆

即使将来我们得到极详细的调查，我们有什么方法断定现今的沉积率与过去的平均沉积率成如何的比例？然则这第二种方法也不可靠。

【叙述】

指出根据沉积物推算年份的方法的漏洞。

（3）根据海中的钠量。溶在海水中的盐质，种类虽多，只有钠（Na）质有蓄积于海中的趋势。其余各种盐质，终究必被排去。假若知道现在海中溶钠的总量若干，又知道现今每年由河流输送到海里去的钠量若干；如若每年加入的钠量千古不变，我们立刻就能算出自从世界上有海洋以来到今日所经历的年代。据默里（Murray）的调查，世界上海水平均的密度为1.026。又据卡斯腾（Karsten）的调查，世界上海水平均的密度为1.026，海洋全体的容积约为

【列数字】

以具体数据作为理论依据，对这些科研者的计算方法加以说明，更具有说服力。

3.07496 亿立方英里。所以海洋全体的质量为 1178270×10^{12} 吨。钠质在海水中，平均占 1.08%（据 Dittmax），所以现在海中的总钠量应为 1.26×10^{16} 吨，每年由河流送入海洋的钠量世界总计有 1.56 亿吨。从这两个数目，得海洋的年龄约 80.88 兆年。

如此计算，在算术上虽然没有差错，但是事实上还有许多困难。关于海洋中钠质的总数，以上所说的几项调查，还算精密，大约与实数相去不远。至于关于海洋中每年增加的钠量，调查计算，都不容易。前面说的数目，乃是从分析世界上各大河流排泄物所得结果。据精密的考察，河流中所含的钠，有一部分是从海里吹来的，那种吹来送去的钠质，当然不应列入每年增加的量中。我们还要知道，在过去各地质时代，有一部分的钠质，时而和泥沙混在一道，加入在岩石里面；时而与岩石同时受侵蚀作用，转入海洋，转来转去，成循环的状况。最后还有一个绝大的疑问，那就是当海洋初成的时候，海水中是否已经有若干钠质，无从断定。凡此等等，都足以表明实际上计算的困难。

【叙述】

指出上述方法存在许多不确定条件，计算结果自然就不可靠了。

（4）根据含放射元素的矿物中铀与氦或铅的比率。在种种测算地球年龄的方法中，要算这个方法最新、最漂亮，也可说是最靠得住。我们在实验室中，已经得了十二分的证据，证明铀（U）、钍（Th）等质，放射了阿尔法质点后，即变为其他种放射元素。那新发生的放射元素，又放射阿尔法质点，又变为其他种元素。如此递变不已，最后变成铅质。每一种放射元素，都有一定的生存期限。由一定的分量减到一半所要的时间，普通名曰半生期。各种放射元素的半生期，都是一定的，与温度压力化合的状态等绝对没有关系。放射出来的阿尔法质点，都是荷电的质点。它失掉了电性，就成了氦气。所以凡属含铀、钍等质的矿物，其中必有若干氦和铅存在，据精细的测验，每一钱铀质，每年可发生 1.22×10^{-10} 钱的铅。因为这种变化进行极慢，所以铅的产生率可视为一个恒数。

【叙述说明】

说明放射元素的衰变存在一定的规律，以此作为计算条件较为可靠。

【知识拓展】

钱：重量单位，10分等于1钱，10钱等于1两。

假如现在有一块含铀的矿物，我们知道它所属的地质时代，我们只要测出那块矿物中铀与铅的比率，再用1.22 × 10^{-10}除之，就可以知道从那个地质时代到现在的年数。

【举例子】
以含铀的矿物为例，说明如何计算地质时代到现在的年数。

这种计算的方法，在理论上似乎极为圆满，但是事实上也有不容易解释的地方。比如根据同一地方同一时代的各种矿物计算，所得的结果往往不等，而从含铀矿物所得的结果，往往高于从含钍矿物所得的结果。乔利教授举出一个例子来说，锡兰有一种沥青铀矿（Pitchblende）及一种钍矿（Thorite），同产于一地，但是从铀铅的比率计算，得512兆年；而从钍铅的比率计算，只有130兆年。

现在我们再来看看乔利的结论和霍姆斯的批评。乔利的结论，仿佛是注重某种含钍矿物中的钍与铅之比，而以海洋的咸度（即钠量）为佐证。他主张自玄古时代（Arhaean）到现今，大概在160兆至240兆年之间。

霍姆斯对于乔利所选择的材料根本不满意。他说钍中的铅，容易溶解。所以乔利所用的钍矿，其中必有一部分铅已经消失，因此所得的年数过小。铀矿中的铅比较的难于溶解，所以自初次产生以来，应该都蓄积在矿中。乔利不用铀矿而用钍矿，的确有点儿不妥。就是钍矿中也有年龄超过400兆者，更足以佐证霍姆斯的意见。至若海洋的咸度，关系复杂，前已说过，殊不足引为佐证。若仔细地思量，恐怕向来从海洋咸度所算出来的年龄，只有失之太少，不或失之太多。

【叙述】
引用霍姆斯对于乔利的理论的看法，说明根据含放射元素计算年份的方法也有不妥当之处。

关于研究地球的年龄，乔利教授总算是一位前辈。但是他去年在牛津大学所发表的新结果，我们不完全赞成。霍姆斯的辩证，似乎都有相当的道理。将来关于放射元素测验的方法，假若更加精密，恐怕计算的结果，只有数目增大，不会减少。在现今的知识程度之下，我们不妨认定自从玄古时代到今日的年数，与中国的人口数——那就是400兆——大致相等。

【总结】
对上述议论进行总结，给出一个大致的推断结果。

【李四光.地史的纪元[J].现代评论，1926，4(94)：6－9】

阅读与理解

【名师点拨】

在给出地史学上地球的年龄该如何划定的定义后，作者介绍了关于计算地球年龄的四种重要方法。四种计算方法的主要依据分别是温度的变更率、沉积物、海中的钠量以及矿物中的放射元素。截止到作者写下这篇文章时，四种方法都无法得出准确结果，根据现有知识只能得出大致的年数。

【回味思考】

1.汤姆逊认为地球是由何演变而来的？

2.作者认为根据沉积物计算地史年龄的方法有何漏洞？

地质力学发展的过程和当前的任务

名师导读

地质力学发展至今，现实中已经可以找到许多与之相关的应用实例。我国的地质力学是如何发展起来的呢？现如今还有哪些问题和任务呢？一起来了解一下我国的地质力学吧。

今天，我想同第三期地质力学进修班的同志们漫谈两个问题：第一个问题是地质力学发展的过程，第二个问题是地质力学当前的任务和它面临的问题。

一、地质力学发展的过程

为什么要讲地质力学发展的过程呢？因为一切事物，都有它自己的发展过程。我们不能割断历史来看问题。我们讲地质力学发展的过程，就是为了总结正面和反面的经验，找出今后工作的方向。

我们所说的地质力学，大致可以说是经过两个阶段发展起来的：

第一个阶段是从1921年研究中国北部石炭—二叠纪沉积物开始的。中国北部是一个丰富的产煤地区，那些主要的煤层与石炭—二叠纪的地层有密切的联系。这些石炭—二叠纪的地层，当时统称为“太原系”。紧接着它上面的山西系，其中一部分后来称为“石盒子系”，是与主要的含煤地层有关。太原系，主要是由陆相地层构成的，其中夹有若干薄煤层，还夹有若干海相地层。

关于太原系的时代问题，有过长期争论。最初，有些人，例如在中国前后搞了三十多年地质工作的德国人李希霍芬把太原系以下相当厚的石灰岩建造，用西北欧典型地

【知识拓展】

陆相：是指在陆地的自然地理环境下形成的沉积相（沉积物的生成环境、生成条件及其特征的总和叫沉积相）的总称。

【知识拓展】

海相：是指在海洋环境中形成的沉积相的总称。

【举例子】

以德国人李希霍芬的观点为例，说明套用他国理论是不合适的。

区例如英国的标准来硬套，称为“煤炭石灰岩”，意味着这些石灰岩和英国的早石炭世石灰岩相当。现在大家都知道，实际上这些石灰岩是属于奥陶纪的。所以，这些石灰岩以上的太原系，就被认为是石炭纪的沉积物。葛利普起初也认为太原系是早石炭世的建造。

在太原系中，当时发现的化石并不多。后来，在许多地点出露的太原系海相地层中，找到了丰富的微体古生物群，特别是蜓科；在其中的陆相地层中，例如在“唐山煤系”中，也找到一些植物化石。因此，关于太原系时代问题的争论，就更加纷乱。有的人认为是属于晚石炭世的，有的甚至认为是属于早二叠世的，诸如此类。

【叙述】

在莫斯科盆地内的发现证明了太原系的生物群存在差异，应该进一步划分。

到1924年，从莫斯科盆地中典型的中石炭世地区，取得了大量的蜓科标本和若干腕足类标本。经过详细的比较和鉴定，证明了莫斯科系中的海相生物群和太原系下部海相地层中所含的生物群有密切的联系。根据这一发现，我们就把太原系分为上下两段：下一段称为本溪系，划归中石炭世；上一段仍然称为太原系。这个发现，对北美洲石炭纪地层的划分，产生了相当重大的影响。因为在那里也和在西北欧一样，很久以来，石炭纪地层的划分，仅仅分为上下两部分建造。从此以后，在全世界范围内，至少可以说在北半球范围内，关于中石炭世海相地层的存在，逐步发现了更多的证据，也逐步被人们接受了。

【叙述】

指出蜓科化石对海相地层的划分和年代的鉴定起到的关键作用。

在中国南部，晚古生代地层发育的情况，和北部很不相同。在南部，石炭纪和二叠纪的地层，海相占优势。这些海相地层的划分和年代的鉴定，也曾引起过相当激烈的争论。在那些石灰岩中所含的蜓科化石，对解决上述争论，起了很重要的作用。因为我们在中国南部的所谓黄龙灰岩、壶天灰岩等厚度颇大、岩质颇纯的海相地层中，发现了大量的蜓科化石，经过鉴定和比较，确定了这些海相地层和中国北部的本溪系海相陆相交错的地层相当。同时，又在中国南部的所谓栖霞灰岩、船山灰岩、马平灰岩等厚度相当大、分布相当广泛的海相地层中，也发现了大

量的蜓科化石，这些化石的某些种属，与中国北部狭义的太原系中所含的蜓科化石相同。这就证明了，中国南部这些占主要地位的晚石炭世和一部分石炭—二叠纪过渡的海相地层，与中国北部以陆相为主夹有若干海相地层的太原系，是同时代的产物。

【议论】
通过对比两地发现的化石展开议论，得出结论，合情合理。

那么，就发生了这样一个问题：当时海侵海退的现象，为什么有这样南北的差异？这个问题，牵涉到大陆局部升降运动和海面全面的升降运动，以及在低纬度和高纬度地区存在着海面差异运动等可能性。问题是复杂的，很难一举得到解决。不过，经过对地球上其他地区当时海侵海退现象，做了初步的比较，特别是对古生代以后大陆上海水进退规率的初步探索，就得到了一种假说。这就是大陆上海水的进退，不完全像有名的奥地利地质学家苏士所提的那样，即海面的运动，或升或降，是具有全球性的，而且可能还有由赤道向两极又反过来由两极向赤道的方向性的运动。这个假说，又引起了一个问题：为什么海洋会发生这样具有方向性的运动？当时初步设想，这可能是由于地球自转速度在漫长的地质时代中反复发生了时快时慢的变化。这种设想，有没有点儿正确性，当然还存在着很多问题，不过，它对地质力学工作的开端，起了相当重要的启发作用。它的作用，在于提出了这样一个问题：即大陆运动，包括区域性的构造运动，是不是也会受到这种地球自转速度变化的影响呢？如果是的，如果构成大陆的岩石，受到了长期的应力活动的作用，它具有一定刚性和塑性的话，那么，当大陆和海洋发生南北向的方向性运动以后，在大陆上也应该留下相应的痕迹。人们有时说，地质力学不管沉积，这是不符合事实的。

【叙述】
叙述对古生代以后大陆上海水进退规率的假说。

【叙述说明】
对上述假说起到的具体作用加以说明。

在20世纪20年代，关于大陆运动起源的问题，各个学派，甚至每个放眼世界的地质工作者，都提出了自己的看法。在这里不可能一一介绍，下面只能扼要地谈一下具有代表性的两大派意见：

传统学派，主张地球在它长期存在的过程中，由于逐

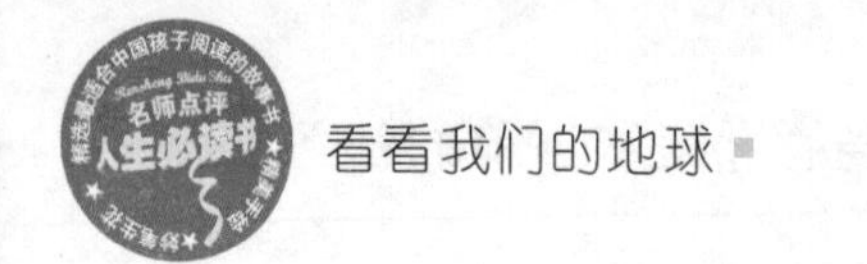

【叙述】

介绍传统学派关于大陆运动起源的看法，简洁明了。

渐失热或其他原因而收缩，以致海洋部分，特别是太平洋部分，发生了显著的沉降；而在大陆部分，总的趋向也是朝着地心下降，但在局部地区，也可能发生相对的上升下降运动，因之发生了褶皱现象和各种断裂现象。这一派的看法，是以垂直运动为主的，局部的水平运动是由于垂直运动而引起的次生运动。

另一学派，是主张以水平运动为主的。他们在认识了均衡现象的基础上，认为主要由硅铝层构成的大陆，是浮在由硅镁层构成的基底上面；并且认为大陆能够在它的基底上面和由硅镁层构成的海底上面，发生水平的滑动；还

认为大陆的各部分,也能够发生大规模的相对水平位移。

大陆在地球表层中,究竟能不能够像冰山在海洋中那样,自由地漂来漂去,是个问题。即使主张大陆是可以漂流的人们,要说到大陆究竟怎样漂流,各家各派,都有自己的看法。归纳起来,主要可以分为三派。

人们最注意的一派,是以魏格纳大陆起源说为代表。实际上,在魏格纳以前,早已有人提出大陆漂流说。不过,魏格纳的提法比较全面,也比较系统,并且提出了比较多的证据来支持他的说法。其中显得比较突出的证据是:①在某些地质时代,地球表面上古气候带的巨大变化;②大西洋东西海岸线形状的相符性;③南北美大陆和欧非大陆上,特别是南美大陆和非洲大陆上,某些古生物群的密切联系;④南美洲和南非洲某些建造特点的相似性;⑤晚古生代南半球大陆,包括印度半岛在内的“冈瓦纳大陆”上冰川流动的方向,等等,都广泛地引起了人们的注意。

【叙述】

魏格纳的理论之所以被重视,在于他的理论比较全面、系统,且有比较多的证据。

另一派,也和魏格纳大陆漂流说近似,其不同之点在于:约里提出了关于硅铝层岩石放射性作用和大陆表面形状的关系问题。约里摘取了构成硅铝层若干类型的岩石,来代表构成硅铝层的岩层,再根据那些有代表性的岩石的放射性矿物的含量,推算了硅铝层中,由于放射物质的自然爆裂,每年所产生的热量。据约里的意见,这个热量有一部分在地球的表层以下存积起来。经过这样的考虑,他估计每2500万~3000万年内,大陆下部的岩层,例如玄武岩之类,就会被熔解。在大陆下部熔解了的状态下,由于月球的影响而产生的潮汐,就起了拖移大陆的作用。于是,大陆就搬家了,向海洋方向搬走;原来大陆的基底就露出了,并且逐渐冷却了。这样,就形成一次大规模的地壳运动。至此,地壳大运动的一次轮回也就告终,新轮回就此开始。

【叙述说明】

对约里和魏格纳两人的理论的不同之处加以说明。

【知识拓展】

基底:一个地理学名词,是指经过褶皱、变质作用的结晶变质岩。

还有一派,认为地球内部不断发生对流,轻的物质向上,较重的物质向下。其结果,是在某些地带把大陆拖开,使它们分裂,海洋从而侵入。在分裂的那一方面,大陆的

【举例子】

以北美海岸以至内陆和西欧海岸以至内陆的古生代山脉为例,使论证的观点更让人信服。

海岸留下张裂的痕迹，例如北美海岸以至内陆和西欧海岸以至内陆，就遗留着由于这种拖动而被拉断了的古生代山脉。在另一方面，大陆碰到了海底较重和较硬的硅镁层的抵抗，而发生了大规模的挤压现象。由于这种挤压，就形成了大型的地槽，以及由地槽转变过来的雄伟山脉。南北美洲大陆西岸的科迪勒拉地槽和安第斯、科迪勒拉等巨大山脉，就是这样形成的。这种看法的后一部分，即南北美大陆的东部和欧非大陆分裂；南北美大陆的西部向太平洋方面推挤。和上述两派的看法基本上是相同的。

【知识拓展】

地槽：地槽与"地台"相对立而存在的地壳上构造活动强烈的地区，是基本的大地构造单元之一。地槽是地壳上的强烈凹陷部分，其中有很厚的沉积物，并形成强烈褶皱。

各式各样的大陆漂流说曾轰动一时，但在所谓正统学派的顽强抗拒下，逐渐搁浅了。近年来，由于古地磁工作的开展，又有活跃的趋势。

在各个学派纷争的影响下，1926年，《地球表面形象变迁的主因》一文就被提出来了。这篇文章，在批判了一些传统学派的同时，根据大陆上大规模运动的方向，推论了那些运动起源于地球自转速度的变化，提出了"大陆车阀"自动控制地球自转速度的作用。这一套理论，不是没有一点儿实践的基础，但是，这样立论，大体上说，也和其他各派的学说一样，在方法论上存在着很大的缺点。主要的缺点在于：用的资料不够广泛、不够细致、不够落实，片面地抓住一些事实，或者若干现象，参考一些第二手资料，就急急忙忙地提出大的理论来。实际上，这些所谓的理论，是很低级的，也是很粗糙的。它们所依靠的证据，往往可以这样解释，也可以那样解释，不够严格，也不够严密。这是一个很深刻的教训，同时也积累了一些粗略而不是无益的经验，特别是让我们对大块大陆运动的方向性有所认识。这是地质力学发展过程中的第一个阶段。

【做铺垫】

指出《地球表面形象变迁的主因》一文的主要内容，铺垫下文。

【叙述】

指出地质力学发展过程中的第一个阶段积累到的经验是粗略而具备一定益处的。

地质力学发展过程的第二阶段，不是从结束了第一阶段才开始的，而是在第一阶段的后期，已经开始了一些零星的工作。那些工作主要是针对区域性构造现象之间的相互关系。必须说明，这里所说的构造现象，是指大型、小型、单式、复式的褶皱和各种断裂而言。这些形变现象，

【叙述】

介绍地质力学发展过程的第二阶段初期的研究内容。

是当地地壳运动的陈迹,是实实在在的东西。所以,要了解当地所经过的地壳运动的程式,就必须对它们各自的本质、形成的过程和它们彼此之间可能存在的联系有所认识。这样来看问题,就和在第一阶段中,只注重大块大陆的运动,根本不同了。

对构造现象本质的探索,是从认识一些个别的和特殊的现象开始的。起初,见到乌拉尔山脉那样褶皱强烈的山脉,在东西两面的广大平原之间突起,好像一条长蛇,南北蜿蜒,这不能不说是欧亚大陆中一个突出的奇异现象。为什么有这样一条山脉?光说它是由一个南北向地槽在回返阶段中转变而成的,这只是把问题向后推了一步,并不是一个令人满意的回答,为什么在欧亚大陆之间,曾经存在着那样一个地槽。大家知道,乌拉尔山脉主要是在晚古生代经过一次巨大的构造运动而形成的一条山脉,很难设想,它是孤立的。实际上,在它的东西两面的广大平原,所谓俄罗斯地台和西伯利亚地台以南,还存在着相当复杂的一套弧形山脉:西边从高加索以西,东边到阿尔泰山系,都是属于被这套弧形山脉所穿插的地带。当时知道,这些弧形山脉之中,有些是大致和乌拉尔山脉同时产生的。虽然它们之间的距离相隔很远,走向也不同,但它们之间是不是有成生的联系呢?这个具体问题的提出,实际上,是认识山字型构造的开端,也是认识构造体系的萌芽。光靠当时所掌握的事实,当然还不能做出任何结论。这里谈这些经过,主要的目的,不在于这个设想正确不正确,而是想揭露当时如何冒着很大的危险,打开一条思路,到实践中去,认真地检验这种构造类型或构造体系的概念究竟行不行得通。

【比喻】
用长蛇做比喻,使其外貌特点更加形象,帮助读者理解。

【叙述说明】
说明解释这些经过的主要目的在于打开思路、检验概念的正确性。

1928年前后,在南京、镇江一带,初次发现了宁镇山脉这个大致东西向的弧形构造。它的弧顶位于镇江一带,向北凸出。在它的南面相当辽阔的平原中,出现一条茅山山脉。这条山脉的伸展方向,大致是南北向的,它和宁镇山脉一起形成了一个构造体系。这个构造体系的特点,基

【叙述】
介绍宁镇山脉的构造体系的特点,以及它与乌拉尔山脉的区别。

本上和乌拉尔山脉及其以南的复杂的弧形山系所形成的构造体系相符合,不过具体而微,方位相反罢了。到这时候,对山字型构造体系的认识就进了一步,但还不够落实,还需要扩大范围,在野外进行大量的观测工作,看看是否在我国境内还存在这种类型的构造体系。当时为了方便工作,暂把这个构造体系的南北向的组成部分称为山字型构造的脊柱,它前面的弧形构造带,称为前弧。

【设置悬念】
调动读者好奇心,给读者留下思考空间,引发读者思考。

宁镇山脉茅山这个山字型构造和横跨欧亚大陆的那个山字型构造,不仅规模相差很大,前弧凸出的方向相反,而且还有许多不同之处。这里就引出了一个问题:宁镇山脉茅山山字型构造究竟是自成一个独特体系,还是另一个构造体系的组成部分?只有通过更广泛的实践,才能解决这个问题。

【知识拓展】
地盾:地壳上相对稳定的区域。在这个区域中,造山活动断层以及其他地质活动都较少。

同年,在广西台地(那时不叫地台)东南西三面也发现了由复式褶皱构成的弧形山脉体系。它的弧顶位于宾阳县城东南,东翼以镇龙山瑶山大背斜为主体,经贵县、武宣、象县与修仁等县,再走荔浦、灌阳,抵达零陵与道县之间的紫荆山地块;西翼以大明山背斜为主体,经上林、隆山、都安等县,继之循都阳山背斜,往西北进入贵州境内。当时设想,这可能是一个山字型构造的前弧。当年参加工作的同事们,满以为在柳州附近应该见到它的南北向脊柱,但是,事实不是这样。经过半年以后,这些同事们在广西北部工作时,才发现了古老变质岩层构成南北延长的强烈褶带,确定了构成广西山字型体系的脊柱。

【叙述】
指出地盾的概念给地质工作者带来的负面影响。

此外,还发现了淮阳山脉也是一个弧形构造。它的弧顶位于湖北黄梅、广济之间。它的北面就是一般称为淮阳地盾的地区。地盾的概念,阻挡了淮阳弧可能是一个山字型构造前弧的设想,也阻挡了我们认识宁镇山脉和淮阳弧的联系。在此,从地盾、地台等观点来分析地质构造,和从构造体系观点来分析地质构造,就发生了严重的分歧。淮阳山字型构造问题,直到中华人民共和国成立以后,才算得到了解决。

在20世纪20年代的末期，除肯定了几个山字型构造的存在以外，还发现了其他一些不同类型的构造体系。对这些不同类型构造体系的认识，模拟试验起了一定的作用。就当时所认识的构造类型和它们分布的范围、规律以及它们在地壳运动问题上的含义，在1929年做了一次总结。这个总结，概括了不同类型构造的特殊本质，明确了构造体系的概念，测定了和每一类型构造体系有关地区的构造运动的方向和方式，推断了大陆和海洋运动的主因。这样，就为地质力学的初步建立打下了基础。

20世纪30年代到40年代初期，是地质力学在上述基础上有所进展的时期。也是以构造体系这个概念为指导，继续向着尚未研究过的或者尚未深入研究过的各种具体的构造类型进行研究，找出它们各自独特的本质，修改、补充和丰富构造体系这个概念的时期。在这个时期，地质力学才开始走上了自己的道路。在地质学的领域中，逐步扩大了自己活动的范围，在越来越多的地区，发现了许多构造体系的定型性、定位性、定时性和在同一地区它们之间互相交错、部分重叠的关系，即复合的关系。

【叙述】指出20世纪30年代到40年代初期，我国地质工作者在地质力学上的主要工作方向。

在企图进一步摸清那些构造体系特点的过程中，发现了东西构造带明显与其他构造体系有所不同。因为它们的规模是宏伟的，结构是复杂的，并且看来它们都反复经过强烈的构造运动，影响地壳的深部。关于其他一些构造体系，在我国境内，当时显得最突出的，有华夏系和新华夏系构造。前者走向东北西南，后者走向北东南西，包括大幅度的挠曲和小型雁行排列的多字型褶皱或断裂。此外，还有规模不等的山字型构造，它们的特点在于前弧一般向南凸出。这些不同类型的构造体系，往往显示它们对矿产分布的控制作用。例如在东西带中，有时出现某些重型矿体；在新华夏系的拗褶地带，具有沉积某种矿产资源的条件；某些煤田分布的范围也往往受山字型构造的控制，等等。

【叙述说明】对东西构造带的规模和结构特点加以说明。

【知识拓展】**挠曲**：在水平或平缓的岩层中，由一般岩层突然变陡而表现出的膝状弯曲，或是由于岩层翘曲或其他和缓变形所形成的弯曲均称挠曲。

到了这个阶段，地质力学已经不能停留在光是描述构造体系的特点上了，上述的那些构造类型都要求它对它们

【举例子】

以多字型构造和山字型构造为例，说明这个阶段的工作目标。

的起源提出合理的解释。例如多字型构造显然反映力偶的作用；山字型构造通过模拟实验和初步理论的分析，它的特征可以和平板梁在水平面上受到弯曲而发生的形变相比拟。其他类型的构造型式也都要求说明，在有关的地块中地应力活动的方式。这就提出了一系列有关岩石力学性质的问题。根据野外的观测，岩层和岩块在受到地应力的作用下，有时表现弹性的反应，有时表现程度不等的塑性反应。究竟是什么条件决定了同样的岩体显示这种不同的反应呢？在这里，地质力学就不得不进入弹性和非弹性力学的领域。这样，又进一步引起了一系列复杂的理论问题。要解决这些问题，很明显，需要从事实验工作，也需要将实验中所获得的资料和实际的构造现象结合起来，从事岩石在自然界的力学性质和应力场的分析。

【叙述】

指出研究过程中涉及的领域，强调这个问题的复杂性。

明确了上述地质力学工作的方向以后，在20世纪40年代初期，地质力学这个名称才被正式提出来。

1956年地质部成立了地质力学研究室，1960年又改为地质力学研究所。从此，地质力学的研究工作，引起了广大地质工作者的注意，并且获得了迅速的发展。特别是近几年来，地质力学研究工作在同生产实践相结合、为生产服务的过程中，不但解决了不少实际生产问题，为社会主义建设做出了一些贡献。同时，在实践的过程中，又获得了大量的资料，证明了初步建立起来的构造体系这个地质力学的基本概念是完全正确的。并且进一步把构造体系这个概念，落实到三大构造类型，即东西向构造带、南北向构造带和各种扭动构造型式，以及每一类型共同的构造形态特征和它们独特的构造型式。现在看来，地质力学的领域是辽阔的，土地是肥沃的，大有开发的远景。

【叙述】

可见地质力学的研究具备现实意义，也能为建设做贡献。

二、地质力学当前的任务和它面临的问题

从上面所谈的经过来看，地质力学可以说是在我国土地上生长起来的一门科学。在国外也有一些和它近似的学科名称：例如构造物理学、土力学、岩石力学、地力学（也

可以译为地质力学)等,可是我们的地质力学和它们有所不同。我们应该树立雄心壮志,刻苦钻研,在我们的地质事业中,在地质科学中,让它不断地做出自己的贡献。

地质力学当前的任务是艰巨的,牵涉的问题是复杂的。这些问题,有的在它现今的水平上,只要我们推广运用,就可以解决;有的还需要经过长期的钻研探索,才有希望得到解决。总起来,可以归纳为三条:

(一)加强构造体系的调查研究,为指导找矿和解决某些水文工程地质问题提供依据。构造体系这个概念是怎样得来的呢?从上面所谈的经过看来,它不是凭空设想得来的,而是总结各种构造类型,特别是扭动构造型式的规律性和普遍性而产生的。构造体系是个抽象的概念,这一种或那一种类型的构造体系和一个一个具有独特形态的构造型式,才是具体的东西。没有那些客观存在的东西,构造体系的概念是无根据的,是主观臆造的,是不能成立的。

对一个构造类型的认识,总要有一段实践的过程,就是说,要依靠不断总结广泛而又细致的野外工作。认识总是有个程度问题,正确的认识往往不是一举成功的。不但一个新型构造类型的发现,往往免不掉要走些弯路,连确定了属于一个既知形式的构造类型,有时也要通过反复实践,才能确确实实地认清它的主要特点,即使认清了它的主要特点,那也不等于说彻底地认识了它,完完全全掌握了它的一切特点。

各种类型构造体系的规律性,往往能为我们野外工作提供很大的方便。最大的方便是,你如若见到了一个属于某一类型构造体系的某一部分的特点,你就可以预见在某些地区或地带会有一定形式的构造现象,有时称为构造形迹出现。这种预见性,不但对我们野外工作能起指导作用,同时对验证那种构造类型的存在也具有重要的意义。预言不是百发百中的,经验告诉我们,有时我们根据一个构造体系某一部分的构造特征,就预言在某些地区会有某

【举例子】

列举国外与地质力学类似的学科名称,强调我们的地质力学有所不同。

【解释说明】

对构造体系加以解释说明,指出构造体系是个抽象的概念,是无根据的主观臆造。

【叙述】

人们可以依据构造体系的规律性预见某地会有一定形式的构造现象。

些构造现象出现，等到到了那些指定的地区去寻找那些预见的构造现象时，它们却不见了，或者根本就不存在。在这种情况下，我们不用怪预言不灵，规律不对，而要怪我们过早地根据某些局部构造现象，对全部构造体系下了结论。这是失败的教训，通过这样的教训，我们更能够了解为什么要通过实践、认识、再实践的过程，才能得出比较正确的认识，才能最后鉴定某一个构造体系的类型。

【叙述】
强调“实践出真知”，这一道理在鉴定构造体系的类型上同样适用。

是不是根据局部构造现象所做出的关于构造体系的错误判断，全是徒劳无益的呢？不是的。它是第一阶段认识过程的初步总结，它不一定正确，但它可能指引我们朝着认识一个新型构造体系的方向前进。通过实践，我们的眼界扩大了，我们的经验也丰富了，我们无须为此而感到悲观失望。

一个构造体系的建立，不能草率行事。根据几个构造单元组合体的共同特点和它们的排列方位等，可以试图建立一个独特的构造体系，但这只能作为认识一个独特的构造体系的第一阶段。在这第一阶段认识的基础上，还需要通过更广泛的实践，才能把一个构造体系确定下来。举个例子：在西北地区存在一些多字型构造，它们曾经被总称为河西系，多少与中国东部普遍发育的新华夏系成对称的形势。这个河西系，究竟能不能成立，还需要做大量的工作。

【举例子】
以西北地区的构造体系为例，强调确定某个体系需要通过广泛的实践。

鉴定一个新型的构造类型，要求就更加严格了。几十年来，特别是中华人民共和国成立以来，由于地质工作者的共同努力，我们累积了一些经验，基本上肯定了若干重要类型构造体系是普遍存在的。但是对它们的认识，并非处处达到了严格的要求，还需要对各个类型的组成成分和组合形式等特点，做更详尽的调查研究。如扭性断裂和张性断裂，在野外怎样有把握地将它们区别开来，还需要找出可靠的标准；还需要解决在同一地区发育的每一对扭性断裂的配套和转弯问题；还需要在全国范围内，乃至全球范围内，明确那些既知类型的构造体系，在不同地区和不

【排比】
运用排比的方式起到加强语势的效果。

同地质时代的分布情况以及它们之间的复合关系;还需要注意寻找新的、独特的构造类型,诸如此类的问题有很多,即使在现在的水平上,也还需要做大量的工作。

为什么要这样严格、这样广泛、这样深入地去追求构造类型的特点、发生和发育的时代以及它们之间的复合关系呢?有两条主要的理由:(1)它们能最确实可靠地反映地壳运动的规率;(2)它们在许多场合能指明找矿和解决某些重大水文工程地质问题的方向。例如在一个构造体系中,断裂系统的分布规律和它们各个组成成分的封闭性或张裂性,对解决矿体勘探设计、煤矿坑道设计、储油构造的详察和开发以及其他与水文工程有关的地质问题,往往具有决定性的意义。第一条在另外一些地方谈过一些,以后如有机会再谈。第二条是联系生产实践的问题。人们不禁要问,地质力学对解决生产问题,究竟有什么用处?我想,最好是让实际工作来回答这个问题。江西908队在这一方面的工作做得很出色。近两年来,他们运用了构造体系分析的方法,结合实际情况,终于发现了一条比较合适的道路,找到了许多矿点,并且在某些点找到了盲矿体,探明了可观的储量。贵州某处,在新华夏系构造带中,S型和帚状断裂转弯处,发现了十多条富集的汞矿带。吉林某地找金矿未能完成年度任务,后来据说“运用了地质力学方法”,仅在一处,就找到了十余吨黄金。对青海共和县东南龙羊峡地区的构造类型分析,为建设一个大型水库,提供了基建设计必需的资料。广东新丰江地震问题,几年来,把摸清当地断裂系统的工作和微量位移以及地应力测量和地震仪观测工作结合起来,分析当地地震的起因和规律,总结了一些经验。现在我们在这点儿经验的基础上,向内地又投入了大批力量,开展了地震地质工作,为内地基建工作开辟道路。所有这些艰难的工作,都有我们进修班的同志参加,他们和其他同志一道,为完成国家给予的生产任务,贡献出自己的力量,并且还在继续做出贡献,这使我们感到十分兴奋。

【叙述】
叙述深入研究构造类型的两条理由。

【设问】
调动读者好奇心,吸引读者注意力,引出下文。

【举例子】
列举地质力学的应用实例,说明地质力学对解决生产问题的用处。

（二）结合有关专业，多方面进行探索，扩大和巩固地质力学的基础。上面提出的任务，主要涉及野外工作。我们要从实际出发，这是对的。野外是个汪洋大海，野外层出不穷的现象，归根到底，是我们向大自然做斗争的对象，那里充满着我们认识自然的泉源。可是，从我们的工作方法来看，野外观测毕竟只是工作方法的一个重要方面，我们还需要使用各种手段，运用近代科学技术中可以使用得上的各种方法，来解决实际问题和理论问题。

【比喻】

将野外比喻成汪洋大海，说明野外包含着丰富的自然知识。

"应力矿物"的研究，是一种与地质力学有关的专业。这一方面的研究，与变质岩带的研究很接近，但研究的方法和目的不完全相同。如何把应力矿物的研究和结构面性质的鉴定工作联系起来；是不是有些变质岩带或构造岩带也可形成定型的构造类型，这值得做进一步的探索。

"绝对"年龄鉴定，作为一个专业，已经广泛地被承认了。在地质力学工作中，为什么也要搞"绝对"年龄鉴定，却不是人尽皆知的。我们搞"绝对"年龄鉴定的主要目的，在于确定一个构造体系组成部分之间的成生联系。在某些地区，一个构造体系的许多组成部分，往往穿插于时代大不相同的岩层、岩体中。在那种情况下，你怎么知道它们属于同一体系？例如对于一个山字型构造的前弧和脊柱的认识，经常遭遇这种困难。如若用来做鉴定年龄的矿物标本，选择得当，问题是不难解决的。

【叙述说明】

对做"绝对"年龄鉴定的主要目的加以说明。

岩组分析，对于岩块内部某些矿物组合条理的辨识，是长久以来行之有效的方法。那种条理，除了由沉积和热影响所产生的以外，都是过去应力活动在岩石中留下来的陈迹。这正是地质力学所追求的东西。如何在适当的地点、适当地选择标本，来帮助构造体系的分析，还需要下一番功夫。

模拟实验，虽然不能称为一种专业，但从事这种实验，需要一定的经验，在技术和艺术方面，也有一定的要求。有些人过于轻视它，甚至菲薄它，也有些人过于倚重它，

【叙述】
指出既不能轻视模拟实验，也不能过于倚重。

这两种态度都不切合实际。当然，很容易理解，从模拟实验中所得到的东西，例如一种构造类型，和自然界的东西不是等同的。可是，经验告诉我们，从一块泥巴、一块柏油或者浓度很大的乳胶等物质，经受了一定的应力作用而产生的形变，或者从一块塑料在应力作用下，它的光弹性所反映的变化，对我们认识许多构造类型或构造运动的过程，确实起了相当重要的启发和辅助作用。在这里需要强调一下，我们从来不把构造类型的鉴定，落实在模型上，而是要求落实在岩块或地块中出现的构造体系上。如若把模拟实验和应力场的分析工作结合起来，就更有意义了。

【叙述】
指出岩石试验的研究途径和研究目的。

岩石试验，是了解岩石的力学性质，并且取得数据的手段。目前，我们还无法对广大的地区用各种方式加力，像模拟实验那样来进行综合性的实验。但是，我们可以用人为的方法，模拟岩石在自然界中存在的条件，对岩石试件加力，来检验它在结构上发生的变化。这种选择适当的岩石试件，在不同温度、不同围压的条件下，从事实验的工作已经行之已久，而且就若干类型的岩石试件，取得了一些数据。例如有关它们屈服强度、破坏强度、弹性形变的限度、非弹性形变的程度、应力作用对它的电阻和传波速率的变化、浸透在岩石试件中的各种液质（如水或原油）对它的强度的影响、传热率和温差梯度在应力作用下的改变等，在不同程度上，反映了岩石的力学性质。但是，必须指出，试件毕竟是试件，试件对应力的反应，与自然界存在的岩石对应力的反应不一定是等同的。怎样把实验室中从试件上得到的数据搬到自然界中去应用，是个相当复杂的问题。这个问题直到现在还没有完全解决。

【叙述】
强调岩石试件和自然界中真正的岩石不一定是等同的，因此得出的试验结果不能作为结论。

【知识拓展】
流变：指在应力、应变、温度、湿度、辐射等外力作用下，物体发生的变形和流动。

岩层中的流变现象，很明显，是岩石在地应力场中非弹性的表现。一般地质工作者，对这种现象的认识，没有问题，或者问题很少。问题在于，在什么条件下，自然界的岩石发生了流变。很容易理解，高温和高压是促使岩石发生流变的重要因素。但在某种情况下，如在小型冰川的

底下，温度肯定不高，压力也很可能不超过某些砾石的屈服强度，可是那里的岩石也往往呈现流变的现象。这就迫使我们考虑到，应力，哪怕微弱的应力，在它对岩石长期作用的过程中，时间可能是导致流变发生的主要因素。这是一种揣测，也有人做了一些蠕变的实验，证明了在一定的范围以内，各种材料，包括岩石，蠕变是千真万确的事实，不过各种物质的蠕变限度不等，就岩石来说，初期的蠕变——有人称为一时的蠕变——是比较显著的，它有一定的限度，至于长期的蠕变、无限度的蠕变究竟怎样？我们现在还没有掌握实验的资料，这一方面的实验工作还有待发展，困难还有待克服。

【设置悬念】设置问题，调动读者好奇心，引出下文。

【知识拓展】**蠕变**：指固体材料在保持应力不变的条件下，其变形随时间延长而增加的现象。

古地磁的工作，在国外，绝大部分是利用某一地质时代的岩层或岩体的磁性南北向与现今当地地理上南北向的差异，来推断大陆作为一个整块转移的方向；也有时利用岩层中古地磁方向的转变，来验证有关岩层的对比。这些方法是可以使用的。但是，既然认定整块大陆的转动和移动可以由岩石磁性反映出来，那么，又怎么可以忽视，在一个地区，在扭动构造体系发生以前，各个岩带的地磁方位，在扭动以后，会发生转变的可能呢？这种可能性，正是地质力学需要寻找的标志。地磁的变化，是极为复杂的现象，片面地利用某种关系，就对大陆块或其中一部分的运动做出结论，是不保险的。

【叙述说明】对国外运用古地磁的方式及其用途加以说明。

大陆运动和海洋运动，是应该在地壳运动问题中相提并论的两个方面，也是不可分割的两个方面。但是，这两个方面的问题，从现象论来说，是各不相同的。因此，首先需要采取不同的方法来分别处理，然后再把分别处理的结果联系起来，找出这两种运动在实质上的统一性。

【叙述】说明大陆运动和海洋运动存在一定的统一性，但两种现象又各有不同。

对处理海洋运动问题来说，我们可以采取两种不同的方法：一种方法是对海底的地貌进行考察。例如在广阔的太平洋中，已经发现了许多被割切而形成的平顶火山锥，名叫盖约特，它们的平顶今天沉没在海面以下700～2000多米不等。在太平洋的沿岸，尤其是在太平洋西岸一带，

【举例子】
以太平洋沿岸沉没的古河床为例，说明对地貌的考察能推测海洋运动。

也就是亚洲大陆东部边缘的海中，曾经发现了许多古河床，它们今天沉没在海面以下540～720米、1300～1500米、2000米以上的不同深度。另一种方法是对大陆上各个地质时代海侵海退的范围和规程进行调查研究。这种调查研究工作，主要依靠古生物学方面提供化石分带的资料。化石分带的问题，也就是地层分带的问题。根据过去的经验，这方面的问题比较容易引起争论而不容易得到大家一致的结论。

【叙述说明】
对地质工作者如何进行海侵、海退现象的考察加以说明。

但是，在我们的国家里，有条件进行这方面的工作，并很有可能得出不可动摇的结论。例如在华南地区，晚古生代时期，有过相当广泛的海水进退运动，同时也有过强烈的构造运动。我们需要特别注意一场强烈地壳运动前后所产生的海相地层，并进行详尽的分带工作，才能证实当时的海侵、海退现象究竟是否和地球上其他低纬度地区海侵、海退的现象相符合，是否显示一定的规律性。华南石炭纪和二叠纪地层，对开展这一方面的工作，看来是可以考虑的对象。

【叙述】
叙述大陆运动的规律，这些从事实中总结出的规律是比较正确的。

关于大陆运动是否具有相应的规律性的问题，我们可以从构造体系排列的方位出发，再根据岩石力学性质、构造应力场的分析以及构造位移的测定，我们就能够比较正确地得出关于大陆上区域性运动乃至大陆整块运动的主要规律。根据已经获得的事实，这条规律是：大陆整块的运动和区域性或局部性的构造运动，一般都具有向西和向赤道方面推动的方向性，各种类型的扭动构造体系，也可以归纳到这两个方向的运动，它们是在不同的地区、不同的环境下所产生的变种。

如果通过更广泛的实践，进一步加深我们对于东西向（纬向）构造带、南北向（经向）构造带和各种扭动构造类型等三大类型构造体系的方向性的认识，你就很难否定，大陆运动和区域性的构造运动与地球自转轴在方位上的联系。这种联系，不是偶然的，而是必然的。推动这些运动的主力是从哪里来的？对这个问题，还存在着意见的分

歧。地质力学认为，巨大的而又集中的和一些分散的纬向、经向构造带以及大批山字型构造都明确地显示，产生这些构造体系的动力，起源于地球自转速度的变化。关于这一点，以前已经反复有所论述，在此无须多谈。

海洋运动，对地球自转速度的变化无疑更为敏感。在地球自转速度加快时，全球的海面应该相应变得更扁，就是说，两极方面海面下降，低纬度方面海面上升。这种海面分异运动，可能持续到大陆运动和区域性构造运动将要达到高峰的阶段。到大陆运动和区域性构造运动达到了高峰的时候和在此以后，由于大陆整块滑动而发生了“刹车”的作用，以致一部分能量消失，它的角速度就不能不变小，因此，全球海面的扁度，也就不能不相应地变小。就是说，这时候两极方面的海面相对上升，低纬度方面，海面相应下降。当然，由于大陆上区域性的升降运动而产生的局部海侵海退现象，不在此例。这种海洋运动与大陆运动和构造运动的关系，应该对上述构造运动起源论提出有效的验证。

【叙述说明】对大陆运动影响到海面扁度的方式加以说明。

为什么地球自转速度会发生变化？在这个问题上，人们的意见分歧就更多也更大了。但是，地球自转速度可能发生变化这一点，各学派都很难否认。

大家知道，地球是个尚待开发的巨大热库，它的表层地温梯度平均每100米3℃上下，实际上，有些地方比这个数字大得多，有些地方比较小。是什么原因使局部地温发生异常呢？在此简单地谈一下。局部岩体的传热系数、局部构造的特征、局部地应力的活动、局部岩层中所含的可燃性物质的影响、深部温度较高的水和气局部上升，对周围岩石的影响，等等，都值得根据实际情况进行探索，有可能在生产实践方面加以利用。因此，我们地质力学工作者，不应该忽视局部地热异常的问题。

【设问】恰当合理地使用设问能突出要讲解的内容，使文章有波澜。

不管局部地热异常的原因是什么，总体来看，谁都不能否认，越到地球深部温度就越高。存在于太空中的这样一个热体，就不可避免地要失掉它的热能。但是，我们知

【叙述说明】说明影响地球温度的两种可能性，这样一来就出现了两种对立的理论。

道，地球表层岩石中含有大量放射性元素，在硅铝层中，钾、钍、铀之类尤其普遍。因此，有些人认为，地球的体温，不是在下降，而是在上升；它的体积，不是在缩小，而是在胀大。这种看法，对地球自转速度变化的推论有很重要的关系。由于我们对地球中所含放射性物质的总量，甚至连对它们在地壳表层分布规律的无知，所以只从放射性物质发热的论点，我们很难断定地球究竟是在长期收缩的过程中，一次又一次经过膨胀的阶段，还是一直不断地在收缩呢，或者相反。

【叙述】
指出目前人类对放射性物质发热的认识不足，因此无法得出确切的结论。

如若你根据上述传统的看法，主张地球冷缩说，那么，它的体积缩小，质量必然更集中，惯性动量必然减少，自转速度就必然加快；如若你主张海洋部分陷落，也会发生同样的后果；如若你主张地球内部物质不断发生分异运动，也会发生同样的后果；如若你相信地球内部发生对流，那么，当轻重不等的物质自下而上和自上而下对流的时候，它的惯性动量也不可避免地要发生变化，因而它的自转速度，也不能不发生变化；即使你主张地球膨胀说，那么，胀大了的地球惯性动量不能不加大，它的自转速度就不能不变小。这是考虑地球内部可能发生的变动，对它自转速度的影响。

【叙述】
指出影响地球运动的不仅有来自内部的因素，还有来自外界的因素。

还有作为一个行星的地球，它的运动也显然不能脱离外界的影响。对它影响最显著的是离它最近的月球。大家知道，通过潮汐作用，月球只能使地球的自转速度变慢，而不能使它变快。虽然这种使它自转变慢的影响不大，但如若在地球长期存在的过程中，它继续不断地变慢，没有其他因素使它变快，它是不是会接近于停止自转？至少，在地质时代，从它的表面构造形态的变化规律、动植物群的生活状态以及冰期反复出现等事实，还找不着它的自转速度一直变慢的征象。

【叙述】
根据海洋分异运动得出地球自转速度在变快的结论。

斯托瓦斯所搜集的大量资料表明，第四纪以来，除了个别地区以外，极圈的海面下降、近赤道地区海面上升。这样广泛的海洋分异运动，不像是由于局部地区升降而产生

的结果，而是反映了我们现在正处在地球自转速度变快的时期。月球现在正在缓慢地离开地球，这也显示地球自转速度在加快。有人认为月球是从太平洋方面飞出去的，甚至说是从白垩纪时代飞出去的。这种说法，未免极端，看来是不符合事实的。有史以来，地球各处陆续发生了极为强烈的地震，也说明许多构造体系还继续处在活动的状态，因此，地应力测量、地震地质的工作，具有特别重要的意义。

（三）广大的野外地质工作者争取就地检验地质力学的某些概念和工作方法，并加以改进。地质力学是一门边缘科学，它的一条腿站在地质学方面；另一条腿站在力学方面。反映地壳运动的一切现象，是它考察和研究的对象。由于地壳运动而产生的一切现象，包括构造体系的规律、海洋运动的陈迹等，是实际的东西，从地质力学整体来看，关于这些东西的知识，是它主要的内容。按照认识运动的过程来看，我们必须把那些对于客观存在的感性知识，在主观方面加工，精炼出理性的知识。这就需要力学出来帮助，否则地质力学只能停留在描述现象的阶段，而很难揭穿那些现象发生的内在因素。这两条腿在地质力学的领域中，各自所占的范围，虽然有大有小，但它们之间的联系是密切的。大家知道，理论是实践的总结，它又转过来指导实践。我们用力学方法来搞点儿理论，不是为了别的，而是为了更深入地、更精确地认识地壳运动现象，更准确地掌握它的规律。那种为理论而搞理论的做法，是空洞的、无所归宿的，即使你竭尽思虑去搞，终究也是行不通的，要是结合实际去搞，那就大有可为了。

【叙述】

指出由于地壳运动而产生的一切现象都应归入地质力学的范畴。

【叙述】

光搞理论是空洞的，作者强调了结合实际的重要性。

中华人民共和国成立以来，我国地质事业的发展，一日千里。地质力学这个学科也相应地得到了迅速的发展。但是，我们工作的进展还远远地落后于需要。为什么进展这样慢呢？有几条很明显的理由：第一，在我们这个号称地质力学研究所的机构里，工作做得不够，还不能够真正起到样板的作用。第二，地质力学可以说是一门土生的科学，过去，人们对土东西总有点儿不大瞧得起，搞土东西

地质学

的人们，也不是经常能够充分发扬自力更生的精神。第三，由于面临着上面所说的情形，我们往往倾向于关起门来自己搞工作，即便有点儿心得也不大愿意向别人介绍。就是说，我们工作中有脱离群众的倾向。第四，有些搞地质力学工作的同志们，对于自己的工作在生产实践方面可能发挥的作用估计不足，尤其是没有尽最大的努力，主动地同有关的生产单位密切结合起来，有效地解决生产实际问题。第五，有些同志错误地认为自己的数理基础比较差，缺乏搞地质力学的基础，即使去硬搞，也不会有什么前途，不如不搞。

【叙述】
指出地质力学工作者应该结合生产实践的需求，将知识运用到生产当中。

上述的一些问题，有的不存在，有的正处在逐步克服的过程中。今后，你们和其他各方面从事地质力学的同志们，一定会把地质力学更广泛地带到群众中去，更深入地带到实践中去，更密切地和生产联系起来，更好地为生产服务。当你们回到自己原来的工作岗位的时候，应当依靠组织，是否可以划出一部分业务学习的时间来，邀集一部分同业的同志，在自愿的基础上，组成地质力学研究小组，结合本单位生产实践的经验或教学的经验，对地质力学的一些基本概念和工作方法，加以讨论、检验和改进。让广大的地质工作者和即将参加地质工作的青年同志们，对地质力学中若干基本概念和行之有效的部分，有所了解，有所认识。当我们向广大的地质工作者介绍我们自己的经验或自由探讨问题的时候，我们必须不骄不馁。这里是两条原则：一条是群众的实际上的需要，而不是我们脑子里头幻想出来的需要；一条是群众的自愿，由群众自己下决心，而不是由我们代替群众下决心。

【叙述】
作者给出自己的建议，让地质力学工作者在工作之余继续学习、讨论。

【叙述】
作者提出的两条原则都强调了将群众和实际需求放在第一位。

读书是我和著者的交涉，读自然书是我和物的直接交涉。所以读书是间接的求学，读自然书乃是直接的求学。

【本文系李四光同志1965年10月26日在地质力学研究所举办的第三期地质力学进修班上的讲话稿。】

【名师点拨】

从最初的借鉴他国地质知识，到一步步创立我国自己的地质力学，可见地质工作的前辈们经历了怎样的艰辛。作者在文中不止一次提到群众和实践，强调不能因为理论而搞理论，体现了作者为国为民的精神。时至今日，我国地质力学的发展仍存在不少问题，这正需要一代代地质工作者投身其中，贡献自己的一分力量。

回味思考

1.进行“绝对”年龄鉴定的主要目的是什么？

2.广泛的海洋分异运动能反映出什么？

阅读训练

一、填空题

1. 春分的时候，由地球中心经过__________的中心作一直线向空中延长，与__________相交的一点，名曰白羊宫（Aries）的起点。

2. 阿得马（Adhemar）首创地球轨道的扁度变更与__________有关之说。

3. 我们都知道到地下愈_______的地方温度愈高。

4. 大海底下的岩石_______一些、_____一些，大陆上的岩石比较_________一些，一般颜色也______一些。

5. 在宇宙空间中，分散着形形色色的________和________，都在运动，都在_________。

6. 光的速度每秒________________千米，一年的时间内光的行程叫作_____________。

二、选择题

1.《看看我们的地球》是一本关于（　）的科普书籍。

A. 生物　B. 地质　C. 地球

2. 下列说法不正确的一项是（　）

A. 自从达尔文的《物种起源》一书问世后，生物进化论的思想逐渐为人们所接受。

B. 人类的发展可以分为四个阶段，分别是古猿、猿人、古人、新人。

C. 传统学派认为地球的运动是以垂直运动为主的，局部的水平运动是由于垂直运动而引起的次生运动。

D. 构造地震之所以发生，主要在于地壳构造运动，地震是不可以预报的。

3. 下列说法有误的一项是（   ）

A. 中国的地质构造分为南北两部分，秦岭山脉为天然的界限。

B. 到地下愈深的地方，温度愈高，平均每深 35 米，温度就增加 1 摄氏度。

C. 地球是顺着一定的方向，从东到西，每日自转 1 次。

D. 新生世的中期，世界又发生了地势大革命，欧洲产生了阿尔卑斯山，亚洲产生了喜马拉雅山。

4.（   ）的研究成了划分地层的重要途径。

A. 放射性元素　B. 矿物质　C. 古生物化石

三、问答题

乔治·达尔文依据什么计算地球的年龄？

参考答案

一、填空题

1. 太阳；天球　2. 地上气候　3. 深　4. 重；黑；轻；淡　5. 天体；物质；变化　6. 2.997925×10^5；一光年

二、选择题

1. B　2. D　3. C　4. C

三、问答题

地月系的运转与潮汐的关系。

读后感

读《看看我们的地球》有感

李四光，这个响亮的名字，可以说是家喻户晓，他是我国著名的地质学家。最近，我拜读了他的作品——《看看我们的地球》。

这本书讲述了许多与地质有关的知识，还有我们生存的地方——地球。这里面凝结着地质学家们探测地质的汗水，他们的工作非常辛苦，但也很有趣，可谓“苦中作乐”！这本书让我增长了许多知识，比如三大冰期在什么时候，最广泛的燃料是什么，地震可不可以预测，等等。

李四光爷爷曾赴日本留学，后来还考入了英国的伯明翰大学。他不仅知识渊博，他的科学精神更为可贵！李四光爷爷为中国地质科学做出了重大贡献，他创建了地质力学，提出了中国东部第四纪冰川的存在。李四光爷爷还善于观察，而且喜欢提问。对前辈科学家已经提出的结论，李四光爷爷没有全然接受。他一直坚持这种怀疑的态度，并根据实际情况进行周密的分析和思考。俗语说，“为学患无疑，疑则有进”！

李四光爷爷不仅散文写得好，而且旧体诗也写得不错，即使是地质学的论文，他同样写得有声有色。《看看我们的地球》这本书是从他的大量著作中精选的一些随笔，它能让你了解地球的地质构造。我要学习李四光爷爷这种善于观察、勇于提问，不断开拓的精神！

图书在版编目(CIP)数据

看看我们的地球 / 李四光著；邓敏华编著. -- 济南：山东美术出版社, 2023.1
（人生必读书）
ISBN 978-7-5330-9499-7

Ⅰ. ①看… Ⅱ. ①李… ②邓… Ⅲ. ①地球科学—普及读物 Ⅳ. ①P-49

中国版本图书馆 CIP 数据核字(2022)第 129957 号

美绘版
人生必读书
看看我们的地球
KANKAN WOMEN DE DIQIU

责任编辑：刘丽娜
主管单位：山东出版传媒股份有限公司
出版发行：山东美术出版社
济南市市中区舜耕路 517 号书苑广场（邮编：250003）
http://www.sdmspub.com
E-mail:sdmscbs@163.com
电话：(0531)82098268　传真：(0531)82066185
山东美术出版社发行部
济南市市中区舜耕路 517 号书苑广场（邮编：250003）
电话：(0531)86193029　86193028
制版印刷：天津泰宇印务有限公司
开　本：710mm × 1000mm　1/16　12 印张
字　数：280 千
印　数：1—25000
版　次：2023 年 1 月第 1 版　2023 年 1 月第 1 次印刷
定　价：28.80 元